JN273297

材料科学者のための
固体電子論入門
― エネルギーバンドと固体の物性 ―

志賀 正幸 著

内田老鶴圃

序

　技術の飛躍的な進歩，いわゆるブレークスルーは新しい材料の出現によることが多い．中でも電気・磁気材料の分野では，各種の半導体素子，超強力磁石，高温超伝導体などのいわゆる機能性材料の研究・開発が機器の性能の向上に大きな役割を果たしている．

　従来，材料の研究・開発は経験と勘を頼りにすることが多かったが，最近では，量子力学・統計熱力学を基礎とするミクロな視点での取り組みが欠かせなくなっている．特に機能性材料については固体中での電子のふるまい，具体的にはエネルギーバンドの形成とその特徴を理解することが不可欠である．

　本書は，著者が京都大学工学部で材料系の学生を対象に行っていた固体電子論の講義テキストに手を加えたもので，材料科学を学ぼうとする初心者を対象とした固体電子論の入門書である．本書を読むに当たっては，結晶構造や格子振動といった固体物理学の基礎，量子力学や統計熱力学の基礎を理解していることを前提とするが，本書の姉妹編である「材料科学者のための固体物理学入門」（内田老鶴圃，2008年刊）は，これらの基礎知識について，本書の内容につながるよう構成されており，合わせて読んでいただくことをお薦めする．

　構成は，前半は，結晶の周期ポテンシャルが電子に与える影響，エネルギーバンドの形成，状態密度やフェルミ面の特徴などの固体電子論の基礎を学び，後半では，金属の凝集エネルギーや比熱などの基本的な性質，伝導現象，半導体，磁性体，超伝導体などの性質を電子論の立場で説明する．その間，電子のふるまいを理解しようとするとき不可欠な量子力学の手法，特に摂動論について必要最小限ながらその基本を理解してもらうための説明を加えてある．

　本書を書くに当たっては，長年京都大学で研究を共にしてきた京都大学大学院工学研究科の中村裕之教授に細部にわたって目を通してもらった．また，本書を刊行するに至ったのは，著者が運営するホームページの「インターネット大学講座」の内容に目を付け，教科書として出版することを強く薦めていただいた内田

老鶴圃の内田学氏に負うところが大きい.

　なお，著者が運営するホームページ
　　　URL：http://www.ne.jp/asahi/shiga/home/Lecture/lectureindex.htm
には，本書には収まらなかった量子力学入門講座が収録されているので合わせて参考にされたい.

　　2009年1月

志賀　正幸

第2版序

　拙著材料科学者のための教科書シリーズのうち,「固体電子論入門」は初版発行以来10年を越えたが，在庫も少なくなり新版を刊行する時期に至ってきた. その間この分野の進歩は著しいが，本書は入門書として基本的な部分のみを取り扱っているので，第2版を刊行するに当たっても特に内容を大きく改めるところはなく，主に補足的な説明や字句の統一や訂正を行うのにとどめている.

　本書を読むにあたり，固体物理学全般の基礎として本書の姉妹編「材料科学者のための固体物理学入門」(内田老鶴圃, 2008年刊) を一読されることをお勧めする. またその基礎として, 続著「材料科学者のための量子力学入門」(内田老鶴圃, 2013年刊),「材料科学者のための統計熱力学入門」(内田老鶴圃, 2013年刊),「材料科学者のための電磁気学入門」(内田老鶴圃, 2011年刊) も合わせて参考にして頂けると幸いである.

　なお，初版の序文の最後に参考のために挙げた著者のホームページはすでに削除されており，その内容が上に挙げた参考書に取り入れられているので了解されたい.

　　2021年6月

志賀　正幸

目　次

序 …………………………………………………………………………… i

1　量子力学のおさらいと自由電子論 …………………………………… 1
1.1　シュレーディンガー波動方程式　　1
1.2　1次元自由電子　　2
1.3　量子力学における運動量　　5
1.4　3次元自由電子　　7
1.5　状態密度とフェルミ分布関数　　10
演習問題1　　15

2　周期ポテンシャルの影響とエネルギーバンド ………………………… 17
2.1　力学モデルによる類推　　17
2.2　ブラッグの回折条件による考察　　18
2.3　エネルギーギャップ　　19
2.4　量子力学(摂動法)による解　　21
2.5　ブリルアン・ゾーン　　26
2.6　逆格子とブラッグの条件　　29
2.7　2次元，3次元空間でのブリルアン・ゾーン　　35
演習問題2　　38

3　フェルミ面と状態密度 ……………………………………………… 41
3.1　単純立方格子のフェルミ面　　41
3.2　状態密度曲線　　46
3.3　バンド計算　　51
3.4　バンド計算による電子構造 ―AlとCu―　　52

演習問題 3　58

4　金属の基本的性質 …………………………………………………… 59

4.1　電子比熱　59
4.2　金属の凝集エネルギー　62
4.3　バンド構造と金属・合金の性質　66
4.4　合金の構造に対するヒュームロザリーの法則　71
演習問題 4　74

5　金属の伝導現象 …………………………………………………… 75

5.1　伝導現象の基礎　75
5.2　抵抗率を決める要因　78
5.3　電子の散乱　80
5.4　電気抵抗各論　84
5.5　その他の伝導現象　92
演習問題 5　97

6　半導体の電子論 …………………………………………………… 99

6.1　ホールの運動　100
6.2　真性(固有)半導体　102
6.3　不純物半導体　107
6.4　半導体の応用　113
演習問題 6　119

7　磁　　性 …………………………………………………………… 121

7.1　磁性の基礎　121
7.2　原子磁気モーメントの起因　126
7.3　鉄属遷移金属イオンの電子構造と磁気モーメント　128
7.4　常磁性体　132
7.5　強磁性体と反強磁性体　135

7.6　金属・合金の磁性　　*141*

　7.7　磁気異方性と磁歪　　*149*

　7.8　強磁性体の磁化過程　　*151*

　7.9　強磁性体の応用　　*157*

　演習問題 7　　*162*

8　超　伝　導 ……………………………………………………………… *163*

　8.1　超伝導体の基本的性質　　*163*

　8.2　磁場の影響　　*165*

　8.3　超伝導状態の現象論　　*167*

　8.4　BCS 理論　　*170*

付録A　縮退している場合の摂動論とエネルギーギャップ　　*173*

付録B　公式 $A^2\int \exp\{i(k'-k)x\}dx = \delta(k'-k)$ の説明　　*176*

付録C　変分原理　　*177*

付録D　低温での電子・フォノン散乱　　*178*

参　考　書 ……………………………………………………………………… *181*

参　考　文　献 ………………………………………………………………… *182*

演習問題略解 …………………………………………………………………… *183*

索　　引 ………………………………………………………………………… *185*

量子力学のおさらいと自由電子論

　金属や半導体の物性は何で決まるか？　いうまでもなく，その固体中の電子のふるまいで決まる．ところが，電子のふるまいは我々に馴染み深いニュートン力学ではまったく記述できず，直感的に理解しにくい量子力学に頼らざるを得ず敬遠されがちである．本書は材料科学を学ぶ学生や技術者を対象に，固体中の電子のふるまいについて述べる．なお，この本を読むに当たっては，その基礎として，拙著「材料科学者のための固体物理学入門」[1]を参考にしてほしい．この章では，上記参考書[1]で述べた，シュレーディンガー方程式に基づく量子力学と固体電子論の出発点となる自由電子論について簡単に復習しておく．

1.1　シュレーディンガー波動方程式

　量子力学に初めて遭遇した学生がとまどうのは，電子が粒子性と波動性を同時にもつということではなかろうか？　高等学校の物理のレベルではボーアの水素原子モデルなどでは電子を粒子として扱っており波動性は表に現れてこない．一方，材料科学に携わる学生・研究者にとって電子顕微鏡は重要でおなじみの実験手段であり，電子線を光やＸ線のような波ととらえるのに違和感はないはずである．そこで，ここでは電子を波動としてとらえるところから始める．電子の波動としてのふるまいを記述する方程式は，いうまでもなく**シュレーディンガー**(Schrödinger)**波動方程式**

$$-\frac{\hbar^2}{2m}\left(\frac{\partial^2}{\partial x^2}+\frac{\partial^2}{\partial y^2}+\frac{\partial^2}{\partial z^2}\right)\psi(x,y,z)+V(x,y,z)\psi(x,y,z)=E\psi(x,y,z) \quad (1\text{-}1)$$

である．ここで，$\hbar$ はプランク定数÷2π，m は電子の質量，$\psi(x,y,z)$ は波動関数で電子波の状態を表し，一般的には複素関数で，その２乗 $\psi^*\psi$ はその位置に

電子を見出す確率を表すが，電子を濃淡のある雲のように見なし（電子雲とよぶ）その濃淡を表す量とイメージすればよい．確率ということで

$$\iiint_{全空間} \phi^*\phi \, dxdydz = 1 \qquad (1\text{-}2)$$

という規格化条件を満たす必要がある．$V(x,y,z)$ は電子の感じるポテンシャルで，たとえば水素原子中の電子は $V(r) = -e^2/4\pi\varepsilon_0 r$ というポテンシャルを感じている．E は電子のもつエネルギーで古典的な波動の振動数に対応する．たとえば，両端を固定した弦の振動には基音，倍音…がありそれに応じた振動モードがあるように，電子波にも基底エネルギー，第1，第2…励起エネルギーがありそれに応じた波動関数が存在する．これを解くことが量子力学の出発点となる．ちなみに，電子波についてもエネルギーが高くなるほど波の振動が激しくなる（波長が短くなる）．

具体的に(1-1)式を解くにはどうするか？　まず，問題に応じたポテンシャル $V(x,y,z)$ を設定する．水素原子なら $V(r) = -e^2/4\pi\varepsilon_0 r$ であり，これからしばらく取り扱う自由電子は $V(x,y,z) = 0$ と最も簡単なケースである．(1-1)式は微分方程式なので具体的に解こうとすると境界条件が必要になる．普通は水素原子の場合のように無限遠で 0 となるように取る．そうするとこの境界条件を満たす解は E が $E_0, E_1, E_2, \cdots$ と特定の値しか取り得ず（これを固有エネルギーとよぶ），それに対応する波動関数 $\phi_0, \phi_1, \phi_2, \cdots$ が得られる．水素原子の場合は 1s, 2s, 2p, …とよばれる状態しか取り得ないことになる．なお，同じ固有エネルギーをもつ 2 個以上の解が求まることがあり（水素原子では 2s, 2p），このような場合を縮退した解があるという．これから解こうとする自由電子の場合，境界条件をどう取るかは少し複雑である．

1.2　1次元自由電子

金属中の電子は結晶中を自由に動き回ることができる．つまり何も束縛を受けず運動するわけで，$V(x,y,z) = 0$ と置くことに相当する．初めに簡単のため，1次元の場合について考える．この場合のシュレーディンガー方程式は x 方向のみを考え，$V(x) = 0$ と置くことにより

1.2 1次元自由電子

$$-\frac{\hbar^2}{2m}\frac{d^2\phi(x)}{dx^2}=E\phi(x) \tag{1-3}$$

と書ける．$\phi(x)=\alpha\exp(\pm ikx)$ を代入すると

$$\frac{\hbar^2}{2m}k^2\{\alpha\exp(\pm ikx)\}=E\{\alpha\exp(\pm ikx)\} \tag{1-4}$$

となり，エネルギー固有値 $(\hbar^2/2m)k^2$ に対し，2つの固有解 $\alpha\exp(ikx)$，$\beta\exp(-ikx)$ が存在する．すなわち2重に縮退した解が得られる．ここで，α, β は規格化定数であり後で決める．このような場合，解は一義的には決まらず，各々の解の任意の1次結合

$$\phi(x)=\alpha\exp(ikx)+\beta\exp(-ikx) \tag{1-5}$$

も (1-3) 式を満足し，同じ固有エネルギーをもつ波動関数であることがわかる．この関数は (1-3) 式の一般解であり，解を特定するにはさらに境界条件を考慮する必要がある．

1.2.1　箱の中の電子

初めに，$0\leqq x\leqq L$ の中に閉じ込められた電子を考える．これは，$0\leqq x\leqq L$ で $V(x)=0$，その外では $V(x)=\infty$ と置くことに相当する．この場合，境界条件は $\phi(0)=0$，$\phi(L)=0$ となる．なぜなら，もし $\phi(x)\neq 0$ であれば，$x<0$，$x>L$ で解が発散してしまうからである．$\phi(0)=0$ より，(1-5) 式は $\alpha+\beta=0$ となり，したがって，$\phi(x)=A\sin(kx)$ でなければならない．また，$\phi(L)=0$ より，$A\sin(kL)=0$，したがって，k は，$k_nL=n\pi, n=1,2,\cdots$（正整数）という条件を満たさなければならない．すなわち，1次元箱の中の自由電子の波動関数，（固有）エネルギーは

$$\phi_{k_n}(x)=A_n\sin(k_nx), \quad k_n=\frac{\pi}{L}n, \quad n=1,2,3,\cdots \tag{1-6}$$

$$\varepsilon_n=\frac{\hbar^2}{2m}\left(\frac{\pi}{L}n\right)^2=\frac{\hbar^2}{2m}k_n^2 \tag{1-7}$$

で与えられる．なお，$-n$ の解は，$\phi_{-n}(x)=-\phi_n(x)$ なので独立な解ではない．図 1-1 に $n=1,2,3$ についての波動関数および電子密度を示す．規格化定数 A_n は $A_n^2\int_0^L\sin^2(k_nx)dx=1$ から求まり，$A_n=\sqrt{2/L}$ となる．

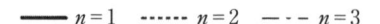

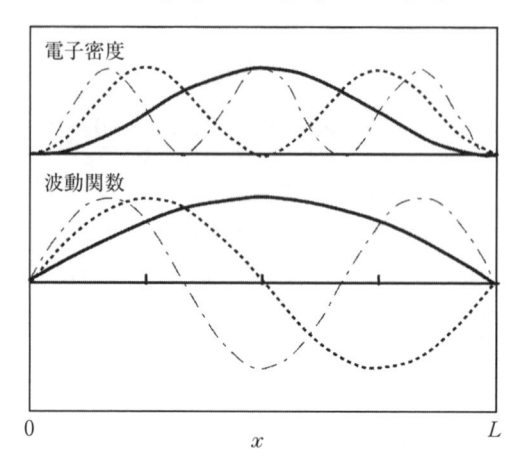

図 1-1 1次元箱の中の自由電子．$n=1,2,3$ までの波動関数(下)と電子密度(上)．電子密度の周期(波長)は波動関数の半分となっていることに注意．

1.2.2 運動する電子 —周期的境界条件—

箱の中の電子は定在波なので，伝導現象などを含めた金属中の電子の運動を記述するには進行波型の解 $\psi(x)=A\exp(ikx)$ の方が都合のいい場合が多い．この場合，少し人為的であるが，周期的境界条件 $\psi(x+L)=\psi(x)$ を適用する．1次元の場合，円周 L の円環状の針金中を運動する電子をイメージすればよい．

この条件を満たすには，$A\exp\{ik(x+L)\}=A\exp(ikx)$ より，$\exp(ikL)=\cos(kL)+i\sin(kL)=1$，したがって $k_nL=2\pi n(n=0,\pm1,\pm2,\cdots)$ であればよい．すなわち

$$\psi_n(x)=A_n\exp(ik_nx),\quad k_n=\frac{2\pi}{L}n,\quad n=0,\pm1,\pm2,\cdots \qquad (1\text{-}8)$$

$$\varepsilon_n=\frac{\hbar^2}{2m}\left(\frac{2\pi}{L}n\right)^2=\frac{\hbar^2}{2m}k_n^2 \qquad (1\text{-}9)$$

ここで，n は(1-6)式に対しては正整数，(1-8)式に対しては整数であることに注意しよう．また，k_n はほとんど連続的に分布するので，以下では n を省略する．この場合，電子密度は $\rho(x)=\psi^*(x)\psi(x)=A\exp(-ikx)A\exp(ikx)=A^2$ と空間

中を一様に分布する．規格化定数は長さ L の中に電子 1 個が存在すると考えるので，$A=\sqrt{1/L}$ である．

1.3 量子力学における運動量

1.3.1 演算子とその固有値

波動方程式(1-1)は

$$p_x=\frac{\hbar}{i}\frac{\partial}{\partial x},\quad p_y=\frac{\hbar}{i}\frac{\partial}{\partial y},\quad p_z=\frac{\hbar}{i}\frac{\partial}{\partial z} \tag{1-10}$$

と置くと

$$\frac{1}{2m}(p_x^2+p_y^2+p_z^2)\phi+V(x,y,z)\phi=E\phi \tag{1-11}$$

と書ける．いいかえれば，演算子

$$\begin{aligned}\mathcal{H}&=\frac{1}{2m}(p_x^2+p_y^2+p_z^2)+V(x,y,z)\\&=-\frac{\hbar^2}{2m}\left(\frac{\partial^2}{\partial x^2}+\frac{\partial^2}{\partial y^2}+\frac{\partial^2}{\partial z^2}\right)+V(x,y,z)\end{aligned} \tag{1-12}$$

を定義することにより，シュレーディンガー方程式は

$$\mathcal{H}\phi=E\phi \tag{1-13}$$

を解くことに等しい．$\mathcal{H}$ は古典力学の [運動エネルギー]＋[ポテンシャル・エネルギー] の型をしていることに注意すると，エネルギーを表す演算子と見なせる．$\mathcal{H}$ を**ハミルトニアン**(Hamiltonian)とよぶ．同時に，$(\hbar/i)(\partial/\partial x)$ は x 方向への運動量を表す演算子と見なせることがわかる．したがって，シュレーディンガー方程式を解くということは，問題とする系のハミルトニアンを設定し，境界条件を導入し，その固有値(エネルギー)，固有関数を求めることといえる．

数学の復習：固有方程式と固有値

一般に，演算子 $\mathcal{A}$(微分記号など)を関数 $f(r)$ に作用させると，$\mathcal{A}f(r)=g(r)$ のように異なった関数に変換される．しかし，特別な場合，$\mathcal{A}f(r)=af(r)$ [a は定数] となることがある．この関係式を固有方程式といい，$f(r)$ を固有関数，a を固有値とよぶ．

もうすこし一般的にいうと，量子力学においては，問題とする物理量に対する演算子を定義し，それを波動関数 ψ に作用させることにより，ψ で表せる状態にある電子の物理量(エネルギー，運動量など)を求めることができる．このとき，固有方程式が成り立つときのみ，その状態に対応する物理量(固有値)が正確に定まる．すなわち，何度観測してもいつも同じ値が得られる．それに対し，固有方程式が成り立たない場合はその物理量は正確には定まらない．すなわち，その量を観測するごとに異なった値が得られる．ただし，その平均値は

$$\langle a \rangle = \frac{\iiint \psi^* A \psi \, dxdydz}{\iiint \psi^* \psi \, dxdydz} \tag{1-14}$$

で与えられる．ここで，ψ が規格化された関数であれば当然分母＝1である．

1.3.2 自由電子の運動量

式(1-8)型の波動関数は古典力学での波動関数の類推から x 方向に進行する波であることが予想されるが，ここでは量子力学の理論に従い，その運動量を調べてみよう．そのため，波動関数 $A \exp(ikx)$ に運動量演算子を作用させると

$$p_x \psi_k(x) = \frac{\hbar}{i} \frac{d}{dx} A \exp(ikx) = \hbar k \, A \exp(ikx) = \hbar k \psi_k(x) \tag{1-15}$$

となり，運動量固有値 $p_x = \hbar k$ をもつ状態を表すことがわかる．

k は波数 $= 2\pi/\lambda$ に相当するので，$p_x = hk/2\pi = h/\lambda$，すなわち，ド・ブロイの関係式が成り立つ．このとき，電子密度分布は，$\rho(x) = \psi_k^* \psi_k = A^* \exp(-ikx) \, A \exp(ikx) = A^2$ (一定)となり，空間中に一様に分布する．すなわち，電子の位置は定まらない．いいかえれば，運動量は正確に定まるので不確定性がなく，$\Delta p = 0$ と見なせ，位置は定まらないので，$\Delta x = \infty$ と見なせる．したがって，ハイゼンベルグの不確定性関係 $\Delta p \, \Delta x > \hbar$ と矛盾しない．

一方，箱の中の電子(1-6)の型の波動関数について見ると

$$p_x \sin(kx) = \frac{\hbar}{i} \frac{d}{dx} \sin(kx) = \frac{\hbar}{i} k \cos(kx) \tag{1-16}$$

となり，固有状態ではないことがわかる．このとき，運動量の平均値は0となる(演習問題 1-1)．

1.3.3　電子の粒子像

空間中を運動量 p で運動する電子の粒子像を表すには，波数 $k_0 = p/\hbar$ を中心に，波束をつくればよい．実空間で σ の範囲で分布する波束を合成するには，k_0 を中心に $\Delta k = 1/\sigma$ の範囲の波を合成すればよい（**図 1-2**）．この場合，位置も運動量も正確には決められないが，位置の不確定さは $\Delta x = \sigma$，運動量の不確定さは $\Delta p = \hbar \Delta k = \hbar/\sigma$ であり，したがって，$\Delta x \Delta p \approx \hbar$ と不確定性関係の範囲で決定できることがわかる．つまり，シュレーディンガー波動方程式から出発して求めた電子のふるまいは，ハイゼンベルグが粒子の位置観測に関する思考実験より導いた，位置と運動量に関する不確定性関係を満たしていることがわかる．

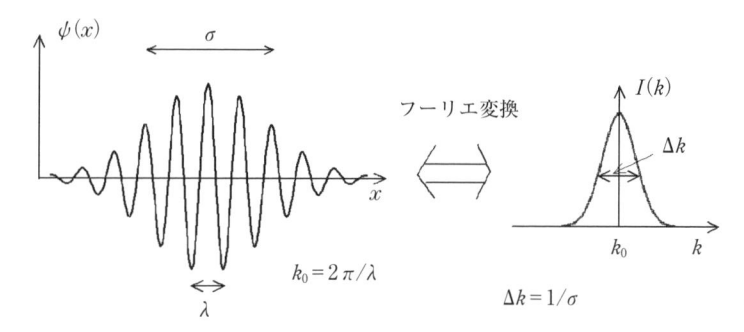

図 1-2　波束の広がりとフーリエ成分の関係．左図は，右図のように，波数 k_0 を中心にガウス分布で与えられるフーリエ成分をもつコサイン波を合成した波束を表す．すなわち，$\psi(x) = \sum_k \exp\{-(k-k_0)^2/2(\Delta k)^2\}\cos(kx)$ で与えられる（参考書[1]の付録 A（p.145）参照）．波束の広がり σ と，分布関数の幅 Δk は反比例の関係にある．これは，古典的な波についての図であるが，量子力学の波動関数についても同じような関係がある．

1.4　3次元自由電子

実際の金属中の電子は3次元空間を走り回っているわけで，3次元シュレーディンガー方程式を解かなければならない．幸い，自由電子の場合は変数分離法

により，1次元の解によって表せる．もう少し一般的には，(1-1)式において，ポテンシャル $V(x,y,z)$ が各座標成分の和の形で表せる場合，すなわち，$V(x,y,z)=V_x(x)+V_y(y)+V_z(z)$ であれば，x,y,z 成分ごとに独立に解き，波動関数は各々の積を，エネルギーは各々の和を取ればよい（証明は参考書[1]の付録E参照）．

1.4.1　3次元箱の中の自由電子

1辺 L の立方体中に閉じ込められた箱の中の自由電子を考える．ポテンシャルは1次元の場合にならって，箱の外では $V=\infty$，箱の中 ($0 \leq x \leq L$, $0 \leq y \leq L$, $0 \leq z \leq L$) では，$V_x(x)=V_y(y)=V_z(z)=0$ と書け，ポテンシャル $V(x,y,z)$ は各成分 ($=0$) の和と見なせるので，変数分離法を適用すると，1次元の解(1-6)，(1-7)より

$$\phi(x,y,z) = A \sin\left(\frac{\pi n_x}{L}x\right)\sin\left(\frac{\pi n_y}{L}y\right)\sin\left(\frac{\pi n_z}{L}z\right) \tag{1-17}$$

$$\varepsilon_n = \frac{\hbar^2}{2m}\left(\frac{\pi}{L}\right)^2(n_x^2+n_y^2+n_z^2), \quad n_x, n_y, n_z=1, 2, \cdots \quad 正整数 \tag{1-18}$$

と，波動関数，エネルギーが求まる．なお，この場合の最低エネルギー（基底状態）は $n_x=n_y=n_z=1$ の1組のみであるが，次のエネルギー順位（第1励起状態）は，n_x, n_y, n_z のうち1つが2となる場合で3通りあり，それぞれ異なった状態（異なった波動関数）なので3重に縮退した解が得られることがわかる．

1.4.2　周期的境界条件

1次元の場合と同様に，進行波型の解を得るために，x, y, z 方向にそれぞれ周期的境界条件を導入する．すなわち

$$X(x+L)=X(x), \quad Y(y+L)=Y(y), \quad Z(z+L)=Z(z) \tag{1-19}$$

ここで，L は試料の大きさに対応するマクロ量である．

$V_x(x)=V_y(y)=V_z(z)=0$ とおき，(1-1)式を解くと，進行波型の解として

$$X(x)=A_x\exp(ik_x x), \quad Y(y)=A_y\exp(ik_y y), \quad Z(z)=A_z\exp(ik_z z) \tag{1-20}$$

を得る．ここで，$k_x=(2\pi/L)n_x$, $n_x=0, \pm1, \pm2, \cdots$, k_y, k_z についても同様である．箱の中の電子と異なり，n は0を含む整数であることに注意しよう．エネル

ギーについては

$$\varepsilon_x = \frac{\hbar^2}{2m} k_x^2, \quad \varepsilon_y = \frac{\hbar^2}{2m} k_y^2, \quad \varepsilon_z = \frac{\hbar^2}{2m} k_z^2 \tag{1-21}$$

であり，まとめると，波動関数は

$$\begin{aligned}\psi(x,y,z) &= A \exp(ik_x x)\exp(ik_y y)\exp(ik_z z) \\ &= A \exp\{i(k_x x + k_y y + k_z z)\}\end{aligned} \tag{1-22}$$

エネルギーは

$$\varepsilon = \varepsilon_x + \varepsilon_y + \varepsilon_z = \frac{\hbar}{2m}\left(k_x^2 + k_y^2 + k_z^2\right) \tag{1-23}$$

と求まる．ここで，波数と空間座標を表すベクトル量

$$\boldsymbol{k} = k_x \hat{\boldsymbol{x}} + k_y \hat{\boldsymbol{y}} + k_z \hat{\boldsymbol{z}}, \quad \boldsymbol{r} = x\hat{\boldsymbol{x}} + y\hat{\boldsymbol{y}} + z\hat{\boldsymbol{z}}$$

$$(\hat{\boldsymbol{x}}, \hat{\boldsymbol{y}}, \hat{\boldsymbol{z}} \text{ はそれぞれ } x,y,z \text{ 方向の単位ベクトル})$$

を導入すると，3次元進行波型自由電子の波動関数とエネルギーは

$$\psi_k(\boldsymbol{r}) = A \exp(i\boldsymbol{k}\cdot\boldsymbol{r}) \tag{1-24}$$

$$\varepsilon_k = \frac{\hbar^2}{2m} \boldsymbol{k}^2 \tag{1-25}$$

$$k_\nu = \frac{2\pi}{L} n_\nu \quad (\nu : x, y, z) \quad n_\nu = 0, \pm 1, \pm 2, \cdots \tag{1-26}$$

で与えられる．

1.4.3　3次元自由電子の運動量

$\psi_k(\boldsymbol{r})$ に運動量演算子 p_x を作用させると

$$p_x \psi_k(\boldsymbol{r}) = \frac{\hbar}{i}\frac{\partial}{\partial x} A e^{ik_x x} e^{ik_y y} e^{ik_z z} = \hbar k_x A e^{ik_x x} e^{ik_y y} e^{ik_z z} = \hbar k_x \psi_k(\boldsymbol{r}) \tag{1-27}$$

と，$\psi_k(\boldsymbol{r})$ は x 方向の運動量の固有状態であり，固有値は $\hbar k_x$ であることがわかる．同様に，y, z 方向についても固有値 $\hbar k_y, \hbar k_z$ をもつ運動量固有状態であることが示せ，ベクトルで表すと，$\boldsymbol{p} = \hbar(k_x \hat{\boldsymbol{x}} + k_y \hat{\boldsymbol{y}} + k_z \hat{\boldsymbol{z}}) = \hbar \boldsymbol{k}$ と書け，(1-24)式は波数ベクトル $\boldsymbol{k}$，運動量 $\boldsymbol{p} = \hbar \boldsymbol{k}$ で進行する波を表す．以後，特に断らない限り自由電子は周期的境界条件で求めた進行波型の解を使う．

1.5 状態密度とフェルミ分布関数

1.5.1 電子軌道とパウリの排他律

　以上求めたのは，自由電子の波動関数であり，水素原子の場合の電子の軌道を求めたことに相当する．実際に電子が存在するとエネルギーの低い軌道から順に占有されていく．このとき，**パウリの排他律**(または**禁律**)として知られているように，1つの軌道には2個の電子しか入れない．正確にいうと，＋スピン電子1個と－スピン電子1個の計2個の電子が1つの軌道を占め得る．スピンとは電子の自転に伴う角運動量で，＋スピン，－スピン電子とは互いに逆方向に回転する電子のことであり，物質の磁気的性質を論じる際重要な意味をもつが，ここではこれ以上立ち入らないことにする．

1.5.2 N 個の電子を詰める ($T=0$ K の場合)

　体積 $V=L^3$ 中に N 個の自由電子がある場合，エネルギー ε_k が低い順に，軌道 $\psi_k(\boldsymbol{r})$ を2個ずつの電子が埋めてゆく．k_x, k_y, k_z がつくる座標系(k 空間とよぶ)で示すと，**図 1-3** のように，原点から $|\boldsymbol{k}|<|\boldsymbol{k}_F|$ の球内のすべての軌道を占めるのが最も全エネルギーが低い．なお，この図では取り得る $\boldsymbol{k}$ の座標点はまばらに分布しているが，円内には体積 V 中の電子数，つまりアボガドロ数のオーダーの点が存在するわけで，$\boldsymbol{k}$ は厳密にはとびとびに値を取るが実際には連続的に分布していると見なしてよいことに注意してほしい．以下に，このときの $k_F=|\boldsymbol{k}_F|$ と，そのエネルギー ε_F を求める．

1.5.3 状態密度

　固体の諸物性は，エネルギーが $\varepsilon\sim\varepsilon+d\varepsilon$ 間にある状態数(軌道の数×2)，すなわち，状態密度で決まることが多く，ここでは自由電子の**状態密度**を求める．k_x, k_y, k_z で表せる点はそれぞれ，$\Delta k=2\pi/L$ 間隔で1つあるので，k 空間では体積 $\Delta k^3=(2\pi/L)^3=8\pi^3/V$ 当たり1個の k 点，したがって，k 空間の単位体積当たり，$1/\Delta k^3=V/8\pi^3$ 個の点(軌道)が存在する．エネルギーは，$\varepsilon=(\hbar^2/2m)$

1.5 状態密度とフェルミ分布関数

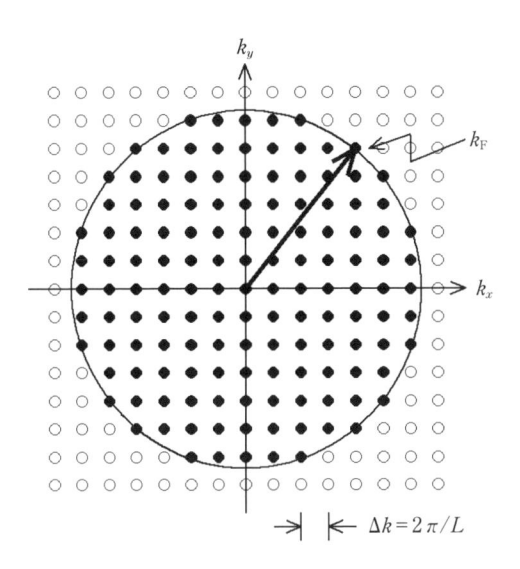

図 1-3 自由電子が取り得る波数 k を k_x, k_y, k_z 軸とする座標で表した図(k 空間とよぶ).$k_z=0$ の断面を表したもので,黒丸は電子が詰まった軌道,白丸は空軌道.エネルギーは k^2 に比例するので,原点から同心円状に順に詰まってゆき,フェルミ波数 k_F まで詰まる.k 点の間隔は $2\pi/L$ であるが,実際にはほとんど連続に分布している.

$(k_x^2+k_y^2+k_z^2)=(\hbar^2/2m)\boldsymbol{k}^2$ で与えられるので,半径 $|\boldsymbol{k}|$ の球面が等エネルギー面となる.状態密度は,k 空間で $d\varepsilon$ に相当する厚さをもつ等エネルギー殻内にある k 点の数($\times 2$)に相当するが,これは等エネルギー球内の状態数 N を微分することによって求まる.

エネルギーが $\varepsilon(k)$ 以下の電子の状態数 N は,パウリの禁律を考慮して,半径 k の球内に含まれる k 点の数の 2 倍,すなわち

$$N=2\cdot\frac{4}{3}\pi k^3\frac{V}{8\pi^3}=\frac{V}{3\pi^2}k^3=\frac{V}{3\pi^2}\left(\frac{2m}{\hbar^2}\right)^{3/2}\varepsilon^{3/2} \tag{1-28}$$

で与えられる.エネルギーが $\varepsilon\sim\varepsilon+d\varepsilon$ の間にある状態数は N を ε で微分することにより得られ,自由電子の状態密度

$$D(\varepsilon)=\frac{dN}{d\varepsilon}=\frac{V}{2\pi^2}\left(\frac{2m}{\hbar^2}\right)^{3/2}\varepsilon^{1/2} \tag{1-29}$$

が求まる．なお，テキストによっては，軌道数の密度(2を掛けない値)を状態密度と定義する場合もある．

1.5.4 フェルミ・エネルギーとフェルミ波数

体積 $V=L^3$ 中に N 個の電子があるとき，最大のエネルギー ε_F，その波数 k_F をそれぞれ**フェルミ（Fermi）・エネルギー**，**フェルミ波数**（図 1-4）とよび，条件式 $(V/3\pi^2)k_F^3=N$ より

$$k_F=\left(\frac{3\pi^2 N}{V}\right)^{1/3} \tag{1-30}$$

で与えられる．これより，自由電子のフェルミ・エネルギー

$$\varepsilon_F=\frac{\hbar^2}{2m}k_F^2=\frac{\hbar^2}{2m}\left(3\pi^2\frac{N}{V}\right)^{2/3} \tag{1-31}$$

が求まる．この式からわかるように，フェルミ・エネルギーは電子密度 $n=N/V$ のみによって決まる．アルカリ金属は1原子当たり1個の価電子をもつが，これを自由電子と見なすと，格子定数を a(bcc) として，$n=2/a^3$ で与えられる．たとえば金属 Na の場合，$a=0.4225$ nm より，$n=2.65\times10^{28}/\text{m}^3$，$\varepsilon_F=3.24$ eV が得られる．一般に，金属のフェルミ・エネルギーは 1～10 eV くらいのオーダー

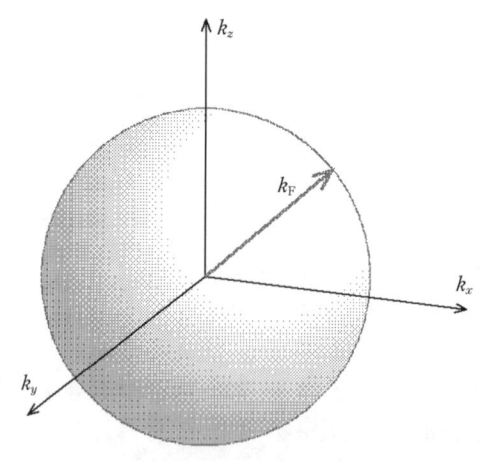

図 1-4 フェルミ球．3次元 k 空間で電子が占有している状態を表す．境界がシャープな面となるのは 0 K のときのみで，有限温度では境界はぼやけてくる．

で温度にすれば1万度から10万度と大きな値をもつ．

1.5.5　フェルミ球

k 空間において，フェルミ・エネルギーに対応する等エネルギー面をフェルミ面という．自由電子の場合は球面となりフェルミ球とよぶ．ただし，電子が詰まった領域(球内)と空状態の境界がシャープな面となるのは絶対0度のときのみで，$T>0$ では後述のフェルミ分布則に従い境界はぼやけてくる．

●フェルミ温度 T_F，フェルミ波数(波長) $k_F(\lambda_F)$，フェルミ速度 v_F

フェルミ・エネルギーに相当する温度，$T_F = \varepsilon_F/k_B$ (k_B：ボルツマン定数)をフェルミ温度とよぶ．そのときの波数 k_F をフェルミ波数，波長 $\lambda_F = 2\pi/k_F$ をフェルミ波長，フェルミ面にある電子の速度 $v_F = \hbar k_F/m$ をフェルミ速度とよぶ．電気伝導などに寄与する電子の速度は v_F である．金属 Na について見積もると，それぞれ，$T_F = 37{,}600$ K，$k_F = 9.2 \times 10^9$ /m，$\lambda_F = 0.68$ nm，$v_F = 1.07 \times 10^6$ m/sec となる．フェルミ波長は格子定数のオーダーとなるがこれは(1-30)式から予想されることであり，一般的な特徴である．

1.5.6　自由電子の全エネルギー

$T=0$ における自由電子ガスの全エネルギー(内部エネルギー)は

$$U = \int_0^{\varepsilon_F} \varepsilon D(\varepsilon)d\varepsilon = \frac{V}{2\pi^2}\left(\frac{2m}{\hbar^2}\right)^{3/2}\int_0^{\varepsilon_F}\varepsilon^{3/2}d\varepsilon = \frac{3}{5}N\varepsilon_F \tag{1-32}$$

で与えられる．1電子当たりにすれば $(3/5)\varepsilon_F$ となり，これは電子の平均運動エネルギーに相当する．

1.5.7　フェルミ分布

$T=0$ K では，フェルミ・エネルギー以下の状態はすべて電子で満たされ，$\varepsilon > \varepsilon_F$ の状態は完全に空である．$T>0$ では，$\varepsilon < \varepsilon_F$ にあった電子が熱エネルギーによって励起され，$\varepsilon > \varepsilon_F$ にも電子が分布する．このとき，室温の熱エネルギーはフェルミ・エネルギーに比べ小さいので，フェルミ準位近傍の電子のみしか励起されない．エネルギー ε の状態を電子が占有する確率 f は，フェルミ-ディラック

分布則

$$f(\varepsilon) = \frac{1}{\exp\{(\varepsilon - \zeta)/k_B T\} + 1} \quad (1\text{-}33)$$

に従う(参考書[1]の付録 G 参照). ここで, ζ は全電子数一定の条件

$$N = \int_0^\infty D(\varepsilon) f(\varepsilon) d\varepsilon \quad (1\text{-}34)$$

により決定され, 電子の化学ポテンシャルに相当する量で温度に依存する. (1-33)式から明らかなように, $T \to 0$ の極限を考えると, $\varepsilon < \zeta$ では $f \to 1$, $\varepsilon > \zeta$ では $f \to 0$ となることから $T=0$ では $\zeta = \varepsilon_F$ であることがわかる. また, $T=0$ の場合を除いて, $\varepsilon = \zeta$ のとき $f=1/2$ となることに注意しておこう. 以下, 化学ポテンシャル $\zeta(T)$ をフェルミ準位とよぶことにする. 有限温度でのフェルミ準位を求めるのは少し面倒で一般的には数値計算によらねばならない.

図 1-5 に $\varepsilon_F = 20{,}000$ K の自由電子ガスのフェルミ分布関数を示すが, 数百 K までは ζ の位置はほとんど変化せず, さらに高温になると低エネルギー側にシフトすることがわかる. 一般に, フェルミ準位は温度を上げると状態密度が低い側にシフトするが, これは総電子数一定の条件から, ε_F を挟んで低エネルギー側の空状態と高エネルギー側の励起電子数が等しくなる必要があるためで, 状態密度がエネルギーによらず一定の場合は, ζ がシフトする必要がないことを考えれ

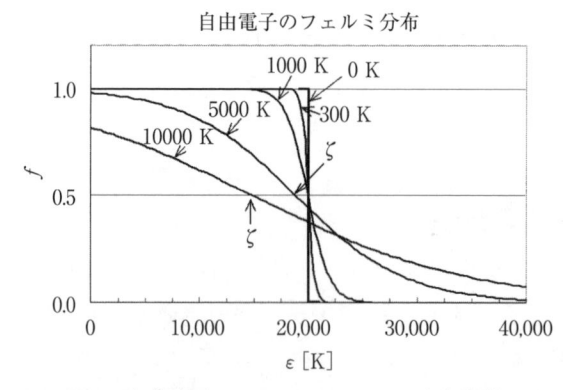

図 1-5 $\varepsilon_F = 20{,}000$ K の自由電子についてのフェルミ分布関数. $f=1/2$ となるエネルギー ζ は温度と共に低エネルギー側にシフトする. $k_B T \ll \varepsilon_F$ (室温付近も含む)での ζ の温度依存性は(1-35)式で与えられる.

ば自ずと理解できることである．なお，導出は少々面倒なので省略するが，$kT \ll \varepsilon_F$ の範囲では

$$\zeta = \varepsilon_F - \frac{\pi^2}{6}(k_B T)^2 \left[\frac{dD(\varepsilon)}{d\varepsilon} \bigg/ D(\varepsilon) \right]_{\varepsilon=\varepsilon_F} \tag{1-35}$$

で与えられ，状態密度曲線のフェルミ準位での勾配が正であればフェルミ準位は温度を上げると低下し，勾配が負であれば上昇する．ただし，この場合，$kT \gg \varepsilon_F$ とさらに高温では ζ は再び低下しボルツマン分布に近づく．自由電子の場合は

$$\zeta = \varepsilon_F \left[1 - \frac{\pi^2}{12} \left(\frac{k_B T}{\varepsilon_F} \right)^2 + \cdots \right] \tag{1-36}$$

となる．

この (1-36) 式からわかるように，室温付近では $k_B T \ll \varepsilon_F$ で，かつ補正項は $(k_B T/\varepsilon_F)^2$ と，微少量の2乗なので，多くの場合，温度補正項は無視してよく，本書では以降，化学ポテンシャルとしての性格が問題となる場面を除いては有限温度であってもフェルミ準位を ε_F と表記する．

演習問題 1-1 箱の中の電子の運動量の平均値，および位置の平均値を求めよ．なお，位置の演算子は変数 x である．

演習問題 1-2 2次元自由電子の状態密度を求めよ．

2

周期ポテンシャルの影響とエネルギーバンド

　実際の固体中では，電子は，図 2-1 に示すようにイオンの正電荷がつくる周期ポテンシャル中にあり，その影響を取り入れる必要がある．以下，結晶の対称性に応じた周期ポテンシャル中を運動する電子の性質を明らかにする．

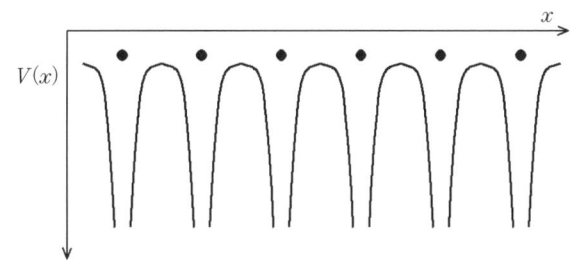

図 2-1　金属結晶中で電子が感じるポテンシャルエネルギーの概念図．結晶中を運動する電子は，正の電荷を帯びたイオン殻に引きつけられ静電ポテンシャルエネルギーが低下する．電子の密度は波動関数の 2 乗で与えられるので，結晶の周期(原子間距離 a)に等しい半波長をもった電子，すなわち，$\lambda/2=a$, したがって，波数が $k=2\pi/2a=\pi/a$ に近い電子のみが結晶ポテンシャルの影響を強く受ける．

2.1　力学モデルによる類推

　図 2-2 に示すような波状の表面をもつ基台の上をいろいろな波長をもった波板をすべらせるモデルを考える．

　波板の波長が台の波長に比べて十分長いとき(b)，十分短い場合(e)は容易に台上をすべらすことができる．両者の波長が一致すると波板が台にはまり込み(トラップされ)動けなくなる．このとき，力学的に安定な位置は(c)，準安定な

18　2　周期ポテンシャルの影響とエネルギーバンド

図 2-2 周期ポテンシャルを受けて運動する波の力学モデル．波状の表面をもった台の上を波板を滑らす場合の概念図．この場合は，波板の周期と台の周期が一致した場合に波板が台にはまり込みエネルギーが低下する(c)．ただし，(d)のような場合はエネルギー極大の非平衡状態として存在する．

位置は(d)である．また，波長がわずかにずれている場合，波板が変形し台にはまり込むことが予想される．ただし，後に示すように，電子波の場合，波動関数の波長が周期ポテンシャルの2倍のときに強い影響を受ける．これは，この場合物理的に意味があるのは波動関数そのものでなく，波動関数の2乗に比例する確率振幅であり，三角関数の2倍角の公式 $\sin^2\theta = (1/2)(1-\cos 2\theta)$ より，その周期は，波動関数の波長の2分の1となるからである．

2.2　ブラッグの回折条件による考察

　材料科学を学ぶ者にとって，X線や電子線の回折はおなじみの現象であろう．結晶中を運動する電子は，電子線回折と同じように結晶の周期ポテンシャルの影響を受ける．今，図 2-3 に示すように，x 方向に進行する1次元平面波，$\Psi_k(x) = A\exp(ikx)$ が周期 a で並んだ反射面に垂直 ($\theta=\pi/2$) に入射する場合を考える．$\theta=\pi/2$ の入射波に対し，ブラッグ(Bragg)条件 $2a\sin\theta = \lambda$ を満たすのは $2a=\lambda$．したがって，波数 $k=2\pi/\lambda=\pi/a$ のとき強い反射が生じる．すなわち，

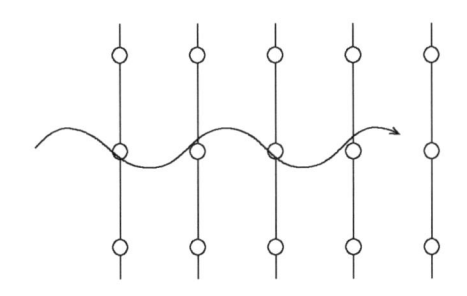

図 2-3 結晶中を進行する電子波．ブラッグ条件を満たすと全反射し，入射波と反射波が干渉することにより，定在波 $\phi(x)=A\{\exp(ikx)\pm\exp(-ikx)\}=A'\cos(\pi x/a)$ または $A'\sin(\pi x/a)$ が生じる．

反対方向（$-x$ 方向）に進行する波 $\Psi_{-k}(x)=A\exp(-ikx)$ が生じ，これが入射波と干渉し定在波が生じる．合成された定在波の波動関数は

$$\phi(-)=A\{\exp(i\pi x/a)-\exp(-i\pi x/a)\}=A'\sin(\pi x/a) \qquad (2\text{-}1\text{a})$$

または，

$$\phi(+)=A\{\exp(i\pi x/a)+\exp(-i\pi x/a)\}=A'\cos(\pi x/a) \qquad (2\text{-}1\text{b})$$

で表せる．この現象は，電子波の半波長がポテンシャルの周期に一致したとき，電子の運動がポテンシャルにトラップされたためと解釈される．それに対し，波長がポテンシャルの周期と異なるとき電子はポテンシャルの影響をほとんど受けない．

2.3 エネルギーギャップ

電子の密度は $\rho(\boldsymbol{r})=\phi^*(\boldsymbol{r})\phi(\boldsymbol{r})$ で与えられるので，平面波 $\phi(x)=A\exp(ikx)$ では $\rho(x)=A^2\exp(-ikx)\exp(ikx)=A^2$，すなわち一様に分布する．それに対し，実関数である定在波 $\sin(kx)$, $\cos(kx)$ の密度はそれぞれ，$\sin^2(kx)$, $\cos^2(kx)$．したがって，電子密度すなわち負の電荷密度が空間的に振動する．電荷密度の振動の波長が正電荷による結晶のポテンシャルの周期に一致したとき強くトラップされる（力学モデル図 2-2（c）の状態）．いいかえれば，＋イオン位置

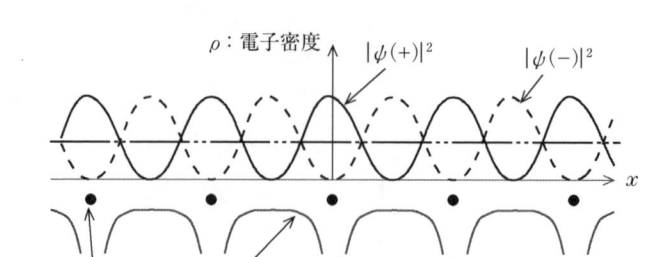

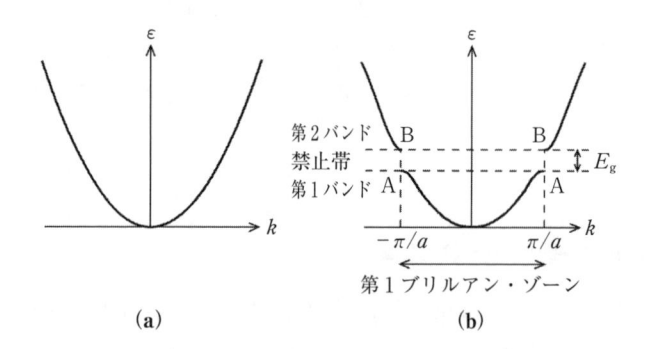

図 2-4 $V(x)$：+ イオンが周期 a で並んだ 1 次元結晶中で電子が感じるポテンシャル．電子密度波の波長が結晶の周期に一致するとき定在波が生じ，最大振幅の位置が + イオンの位置にくるとき（$\phi(+)^2$：図中の実線，力学モデル（図2-2）の（c）に対応），進行波（振幅一定，図中の 2 点鎖線）よりポテンシャルエネルギーが低くなる．また，最大振幅の位置が + イオンの中間にくるとき（$\phi(-)^2$：図中の点線，力学モデル（図 2-2）の（d）に対応），進行波よりポテンシャルエネルギーが高くなる．このようにして，運動エネルギーと合わせた電子のエネルギー（エネルギー分散曲線）は，図 2-5 のように波動関数の波長が $\lambda=2a$，波数が $k=\pm\pi/a$ のときエネルギーギャップが生じる．

図 2-5 （a）自由電子（進行波）のエネルギーと波数の関係（エネルギー分散曲線）．（b）周期 a で配列した + イオン中の電子の分散曲線．波数 $k=\pm\pi/a$ のとき電子波はブラッグ条件を満たし定在波となる．$|k|\leqq\pi/a$ ではエネルギーは低下し，$|k|\geqq\pi/a$ では逆に上昇する．その結果，エネルギーギャップが生じる（2.4.2 節参照）．

で最大密度を取る $\phi(+)$ がエネルギー最小の安定状態となり，もう1つの関数 $\phi(-)$ が準安定状態(力学モデル図2-2(d)に相当)．したがって，同じ波数 $k=\pi/a$ の状態に対し2つのエネルギーが対応し，電子のエネルギーはその中間値は取り得ず**エネルギーギャップ**が生じる．**図2-5**にその様子を示す．ここで，$-\pi/a<k<\pi/a$ の領域を(第1)**ブリルアン・ゾーン**とよぶ．

2.4 量子力学(摂動法)による解

前節では，いろいろなモデルで周期ポテンシャルの影響とバンドギャップ生成のメカニズムを直感的に理解することを試みたが，あくまで類推の範囲であり，正確に理解するには量子力学によらねばならない．しかし，シュレーディンガー方程式が解析的に解けるのは，水素様原子 $(V(r)=-Ze^2/r)$，調和振動子 $(V(x)=kx^2)$，自由電子 $(V(x,y,z)=0)$ などごく限られたポテンシャルについてのみであり，一般のポテンシャルについては近似法により解かねばならない．

近似法として代表的な方法に(1)摂動法，(2)変分法がある．摂動法は一般的な方法で，物理現象の解明に有力な手段である．変分法は，分子軌道法，バンド計算など，エネルギー準位や波動関数の具体的な計算に使われる．ここでは，摂動法によりバンドギャップの出現機構を明らかにする．

2.4.1 摂　動　法

摂動法は古典力学では，惑星の運動に対する他の惑星からの引力による完全楕円軌道からのずれを計算する方法で，正確に解ける系の運動に対し，微小な力(ポテンシャルエネルギー)が働いたときの影響を見積もる近似法である．量子力学においても重要な近似法であり，ここでは，これからの議論に必要な，最小限の公式を述べておく．式の導出法など詳しいことは量子力学のテキスト[2]に委ねることにする．

今，正確に解けるハミルトニアンを $\mathcal{H}_0$ とし，その解を ϕ_n^0，固有エネルギーを E_n^0 とする．すなわち

$$\mathcal{H}_0\phi_n^0=E_n^0\phi_n^0 \tag{2-2}$$

が成り立つとする．こうして得られた固有関数の組 $(\phi_1^0, \phi_2^0, \cdots, \phi_n^0 \cdots)$ は，完全直交系をなし，任意の関数 $\Psi(r)$ が ϕ_n^0 の1次結合で表せる．すなわち

$$\int \phi_n^{0*} \phi_n^0 \, dr = \delta_{n'n}, \quad \Psi(r) = \sum_{n=1} a_n \phi_n^0 \qquad (2\text{-}3)$$

が成り立つ．ここで，$\delta_{n'n}$ は**クロネッカーのデルタ関数**とよび，$n' = n$ のときのみ1，$n' \neq n$ では0と定義される関数である．

外乱によるポテンシャルを $\lambda V'$（λ は微小なパラメータ）とすると，全ハミルトニアンは $\mathcal{H} = \mathcal{H}_0 + \mathcal{H}'$ と書ける．ここで，$\mathcal{H}' = \lambda V'$ を**摂動ハミルトニアン**とよぶ．

たとえば，1次元調和振動子に対し x^3 に比例する非調和項が存在する場合，

$$\mathcal{H}_0 = -\frac{\hbar^2}{2m} \frac{d^2}{dx^2} + \frac{1}{2} kx^2, \quad \mathcal{H}' = \lambda x^3, \quad \lambda \ll k \qquad (2\text{-}4)$$

と書ける．

摂動により，n 番目のエネルギー準位 E_n^0，波動関数 ϕ_n^0 は以下のように変化する．ただし，n 番目の準位に縮退はないとする．縮退があるときは別に扱う必要がある（付録A参照）．

$$E_n = E_n^0 + \langle n|\mathcal{H}'|n\rangle - \sum_{m \neq n} \frac{|\langle m|\mathcal{H}'|n\rangle|^2}{E_m^0 - E_n^0} + \cdots \qquad (2\text{-}5)$$

$$\phi_n(r) = \phi_n^0 - \sum_{m \neq n} \frac{\langle m|\mathcal{H}'|n\rangle}{E_m^0 - E_n^0} \phi_m^0 + \cdots \qquad (2\text{-}6)$$

ここで，$\langle m|\mathcal{H}'|n\rangle$ を**ブラ・ケット表示**とよび，$\langle m|\mathcal{H}'|n\rangle$ がつくる正方行列はエルミット行列の性質をもつ．この表式は角運動量などのより一般的な量子論の展開に使われるが，ここでは

$$\langle m|\mathcal{H}'|n\rangle = \int \phi_m^{0*}(r)\mathcal{H}'(r)\phi_n^0(r)dr \qquad (2\text{-}7)$$

と，摂動演算子を波動関数ではさみ積分したものとして定義しておく．(2-5)式の右辺第2項を**1次摂動エネルギー**とよび，元の状態（波動関数 ϕ_n^0）に対する $\mathcal{H}'$ の平均値と見なせる．(2-6)式の右辺第2項は摂動による波動関数の変形を表し，n 以外の状態（波動関数）が混ざることによって生じる．つまり，摂動により，異なった状態に一時的に遷移し，波動関数が歪むわけである．このとき，遷移確率に対応する $\langle m|\mathcal{H}'|n\rangle$ が大きいほど，また，エネルギー差が小さいほど強く混ざ

る．また，(2-5)式の右辺第3項は**2次摂動エネルギー**とよび，変形した波動関数に対する $\mathcal{H}'$ の補正値と見なせる．

2.4.2　自由電子に対する周期ポテンシャルの摂動効果

ここでは，無摂動系として，周期的境界条件 $[\phi(x+L)=\phi(x)]$ での1次元自由電子を考える．すなわち

$$\phi_k^0(x) = A \exp(ikx), \quad E_n^0 = \varepsilon_k^0 = \frac{\hbar^2}{2m}k^2 \tag{2-8}$$

とする．ここで，$k=(2\pi/L)n$，規格化定数 A は $\int_{-L/2}^{L/2}\phi_k^{0*}\phi_k^0 dx = \int_{-L/2}^{L/2}A^2 dx = 1$ を満たす値，$A=1/\sqrt{L}$ である．以下の計算では L は十分大きいとし，積分範囲は明示しない．

周期ポテンシャル $V'(x)$ を表現するため，数学(フーリエ級数)の復習をしておく．

数学の復習：フーリエ級数

$f(x+a)=f(x)$ なる周期関数は

$$f(x) = \sum_{n=1}^{\infty} a_n \sin\left(\frac{2\pi n}{a}x\right) + b_0 + \sum_{n=1}^{\infty} b_n \cos\left(\frac{2\pi n}{a}x\right) \tag{2-9}$$

と展開できる．指数関数で表すと，

$$f(x) = \sum_{n=-\infty}^{\infty} c_n \exp\left(\frac{2\pi i\, nx}{a}\right) = \sum_{n=-\infty}^{\infty} c_n \exp(iG_n x) \tag{2-10}$$

と展開できる．ここで，

$$G_n = \frac{2\pi}{a}n = gn \quad \left(g=\frac{2\pi}{a},\ n=0,\pm 1,\pm 2,\cdots\right)$$

結晶のポテンシャル $V'(x)$ は格子間隔 a の周期をもつので，(2-10)式より

$$V'(x) = \sum_{n=-\infty}^{\infty} v_n \exp(iG_n x), \quad G_n = \frac{2\pi}{a}n \tag{2-11}$$

と展開できる．簡単のため，v_n は，$G_{-1}=-g=-2\pi/a$，$G_{+1}=g=2\pi/a$ のときのみ値 $v_{-1}=v_{+1}=U$ をもつとする．これは，$V'(x)=2U\cos(2\pi x/a)$ とすることに等しい．ここで，U は微小な値とする．したがって，摂動ハミルトニアン $\mathcal{H}'$ は

$$\mathcal{H}'(r) = U\left[\exp\left(\frac{2\pi ix}{a}\right) + \exp\left(-\frac{2\pi ix}{a}\right)\right]$$
$$= U[\exp(igx) + \exp(-igx)] \tag{2-12}$$

したがって，行列要素 $\langle m|\mathcal{H}'|n\rangle$ は

$$\langle k'|\mathcal{H}'|k\rangle = A^2\int \exp(-ik'x)\mathcal{H}'(x)\exp(ikx)dx$$
$$= A^2U\int \exp[i(k-k'+g)x]\,dx + A^2U\int \exp[i(k-k'-g)x]\,dx \tag{2-13}$$

と書ける．

公式：$A^2\int_{-\infty}^{\infty}\exp[i(k'-k)x]\,dx = \delta_{k'k}$（付録 B：公式の証明参照）より，(2-13)式は $k'=k\pm g$ のときのみ値 U をもつ．したがって，1次摂動エネルギーは $\langle k|\mathcal{H}'|k\rangle = 0$ なのでエネルギー変化には寄与せず，2次摂動まで取り入れる必要がある．そこで，この場合について(2-5)式を適用すると

$$\varepsilon_k = \varepsilon_k^0 - \frac{U^2}{\varepsilon_{k+g}^0 - \varepsilon_k^0} - \frac{U^2}{\varepsilon_{k-g}^0 - \varepsilon_k^0} \tag{2-14}$$

が得られる．k が第1ブリルアン・ゾーンの内側にある場合（**図 2-6** の k_1）は，一般に $\varepsilon_k^0 < \varepsilon_{k-g}^0$，$\varepsilon_k^0 < \varepsilon_{k+g}^0$ なので2次摂動効果によりエネルギーは低下する．すなわち，より高いエネルギー状態を混ぜることにより，波動関数が変形しポテン

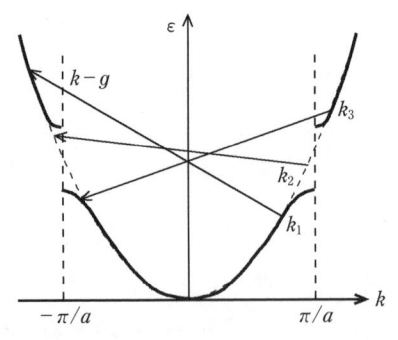

図 2-6 (2-14)式，第3項によるエネルギーの変化をもたらす波数．矢印で結ばれた状態がエネルギー変化をもたらす．$k>0$ の場合，(2-14)式，第2項は，$\varepsilon_{k+g}^0 \gg \varepsilon_k^0$ より第3項に比べて無視できる．

シャルエネルギー，ひいては全エネルギーが低下するといってもいいだろう．冒頭に示した力学モデルに立ち戻ると，波板の波長が台の波長に近づくと，波板が変形し台にはまり込み，変形のための弾性エネルギーの損を凌駕してポテンシャルエネルギーが低下することに対応する．逆に，第1ブリルアン・ゾーンの直上で第2ブリルアン・ゾーン内にある，k_3（図2-6 k_3）の場合 $\varepsilon_k^0 > \varepsilon_{k-g}^0$ となり，エネルギーは上昇する．なお，この場合，$\varepsilon_{k_3+g} \gg \varepsilon_{k_3}$ なので，(2-14)式の第2項は分母が大きく，あまり寄与しない．したがって，$\varepsilon_k^0 = \varepsilon_{k\pm g}^0$ を境として，すなわち，$k^2 = (k \pm g)^2 = (k \pm 2\pi/a)^2$，$k = \pm g/2 = \pm \pi/a$ で，エネルギーの飛びが予想される．ただし，この近傍では，解が発散し，この近似は使えなくなる．$k = \pm \pi/a$ の場合，つまり，ブリルアン・ゾーン境界でのエネルギーギャップの大きさを求めるには，縮退のある場合の摂動論を適用する必要があり，ここではとりあえずエネルギーギャップが生じる原因を説明することにとどめておく．縮退のある場合の摂動論については付録Aに述べるが，この場合は $2U$ の大きさのエネルギーギャップが生じる．

2.4.3 ブロッホの定理

次に，波動関数が周期ポテンシャルの影響でどのように変形するかを調べる．摂動による波動関数の変形は(2-6)式で与えられる（以下では(2-6)式の指標 n, m は波数 k, k' を取り，n は周期関数の展開の指数に使うので注意）．摂動ポテンシャルとして，(2-11)式を取れば，$k' = k + G_n$ のときのみ $\langle k'|\mathcal{H}'|k\rangle \neq 0$ である．$C(k+G_n) = \langle k'|\mathcal{H}'|k\rangle/(\varepsilon_k^0 - \varepsilon_{k'}^0)$ と置けば

$$\psi_k(x) = C_0 \exp(ikx) + \sum_{n \neq 0} C(k+G_n) \exp[i(k+G_n)x]$$

$$= \left\{ \sum_{n=-\infty}^{\infty} c_n(k) \exp(iG_n x) \right\} \exp(ikx) \tag{2-15}$$

と書ける．ここで，$c_0(k) = C_0 \approx A$，$c_n(k) = C(k+G_n)$ とする．

(2-10)式より，{ }内は周期 a の周期関数であり，これを，$u_k(x)$ [$u_k(x+a) = u_k(x)$] とすると

$$\psi_k(x) = u_k(x) \exp(ikx) \tag{2-16}$$

と書ける．規格化定数は $u_k(x)$ に含めるものとする．このように，周期ポテン

シャル中の電子の波動関数は，周期関数 $u_k(x)$ と平面進行波 $\exp(ikx)$ の積で表せる．これを，**ブロッホの定理**といい，この関数を**ブロッホ関数**とよぶ．3次元でも同様に

$$\phi_k(\mathbf{r}) = u_k(\mathbf{r})\exp(i\mathbf{k}\cdot\mathbf{r}) \tag{2-17}$$

となる．ここで，$\mathbf{k}, \mathbf{r}$ は波数および空間ベクトル，$u_k(\mathbf{r})$ は結晶と同じ周期性をもつ3次元関数である．再び1次元解に戻り，$\phi_k(x)$ の実数部を図に示すと，**図2-7**のように表せ，平面進行波 $\exp(ikx)$ が周期関数 $u_k(x)$ で変調されたものとしてイメージできる．$u_k(x)$ は原子の波動関数を反映した関数と考えてよい．

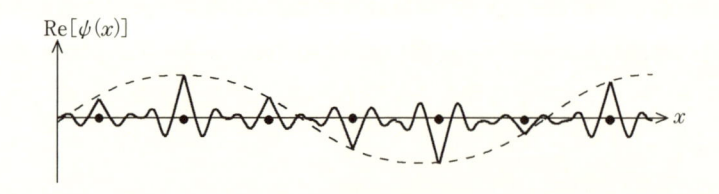

図2-7 ブロッホ関数の実数部．平面波が原子波動関数で変調されていると見なせる．ただし，虚数部を入れて電子密度 $|\phi(x)|^2$ を取ると各原子位置で同じ振幅 $u_k^2(x)$ をもつ．

2.5 ブリルアン・ゾーン

2.5.1 エネルギーバンドの形成

前節で計算した $2U\cos(2\pi x/a)$ という簡単な周期ポテンシャルでなく(2-11)式で表せる一般の周期ポテンシャルの場合，エネルギーギャップは $k=(\pi/a)n$，$[n=\pm 1, \pm 2, \cdots]$ のところで生じる．したがって，1次元モデルではエネルギー分散曲線 $\varepsilon(k)$ は**図2-8**に示すように**エネルギーギャップ**(禁止帯)で隔てられた領域に分割される．すなわち，エネルギーバンドを形成する．各々の領域に対し，第1，第2…ブリルアン・ゾーン(Brillouin Zone)[略してB.Z.]，第1，第2…エネルギーバンドが定義される．

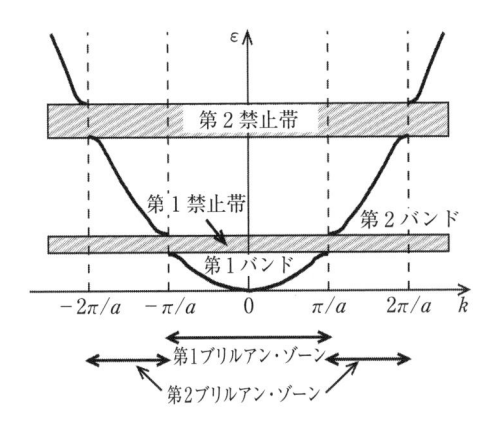

図 2-8　1 次元モデルのバンド構造.

2.5.2　エネルギーバンドのいろいろな表現

(1) 還元ゾーン

ブロッホ関数の性質を考慮すると，第 2(第 3 以上も)B.Z. にある波数 k_2 の状態 $\phi_{k_2}(x)$ は，$k_1=k_2-2\pi/a$ の第 1 B.Z. 内にあるブロッホ関数と見なせる．少し煩雑であるが，以下にその数学的証明を示しておく.

ブロッホの定理より，$\phi_{k_2}(x)=u_{k_2}(x)\exp(ik_2x)$．$u_{k_2}(x)$ は周期 a の周期関数なので，$u_{k_2}(x)=\sum_n c_n(k_2)\exp(iG_nx)$, $G_n=2\pi n/a$ とフーリエ展開できる．ゆえに

$$\begin{aligned}
\phi_{k_2}(x) &= \left\{\sum_n c_n(k_2)\exp(iG_nx)\right\}\exp(ik_2x) \\
&= \left\{\sum_n c_n(k_2)\exp(iG_nx)\right\}\exp[i(2\pi/a)x]\exp(ik_1x) \\
&= \left\{\sum_n c_n(k_2)\exp[i(G_n+2\pi/a)x]\right\}\exp(ik_1x) \\
&= \left\{\sum_n c_n(k_2)\exp(iG'_nx)\right\}\exp(ik_1x) \\
&= u_{k_1}(x)\exp(ik_1x)=\phi_{k_1}(x)
\end{aligned} \qquad (2\text{-}18)$$

ここで，$G'_n=2\pi(n+1)/a$ を使った.

すなわち，$u_{k_2}(x)$ で変調された波数 k_2 のブロッホ波は，$u_{k_1}(x)$ で変調された波数 k_1 のブロッホ波と見なすことができる．同様に，第 3，第 4…第 n B.Z. 内の波

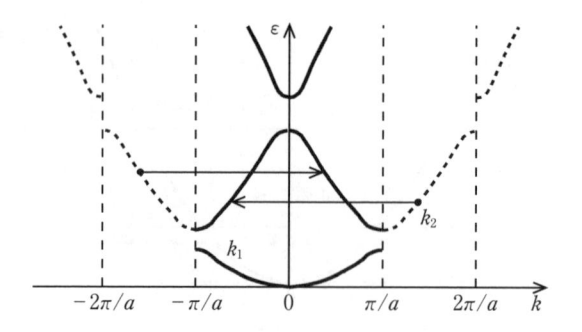

図 2-9 1次元還元ゾーン．第1ブリルアン・ゾーン外の状態 (k_2) が矢印で示した逆格子ベクトルにそって移動することにより第1ブリルアン・ゾーン内の状態に還元されることを示す．

数 k_n のブロッホ波も，$k_n = k_1 \pm 2\pi n^*/a$ と置くことにより，第1B.Z.内の波数 k_1 のブロッホ波として表すことができる．ここで，$n^* = n/2$ (n：偶数のとき)，$n^* = (n-1)/2$ (n：奇数のとき) とする．

このように，バンド構造は**図 2-9** に示すように第1B.Z.内だけで表すことが多い．これを**還元ゾーン**表示という．

例：第2B.Z.内の自由電子

以下の変形により，第2ブリルアン・ゾーン内の自由電子の波動関数も正弦波で変調された第1ブリルアン・ゾーン内の波数をもつブロッホ関数として表現できる．

$$\psi_{k_2}(x) = A \exp(ik_2 x) = A \exp\left[i\left(\frac{2\pi}{a}\right)x\right]\exp(ik_1 x)$$

$$= A\left[\cos\left(\frac{2\pi}{a}x\right) + i\sin\left(\frac{2\pi}{a}x\right)\right]\exp(ik_1 x)$$

$$= u_{k_1}(x)\exp(ik_1 x)$$

（2） 電子の加速と反復ゾーン

還元ゾーンとは逆に第1B.Z.の分散曲線を**図 2-10**(c)に示すように第2，第3 B.Z.に繰り返し表現することがある．これは，電子が電場や磁場により加速され

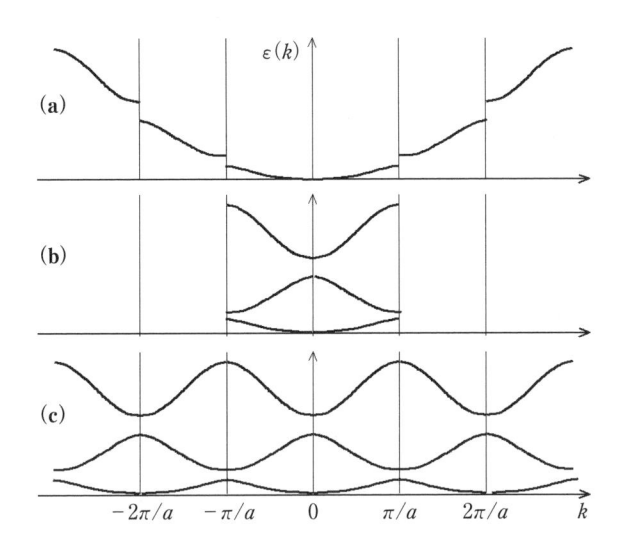

図 2-10 1次元格子のエネルギーバンドのいろいろな表現．（a）拡張ゾーン形式，（b）還元ゾーン形式，（c）反復ゾーン形式．

たときの運動を k 空間上で記述するときに便利である．これを**反復ゾーン**とよぶ．図 2-10 に 1 次元格子のエネルギーバンドの表現法をまとめて示しておく．

2.6 逆格子とブラッグの条件

1 次元格子で学んだように，エネルギーギャップが生じるのはブリルアン・ゾーン境界であり，電子波のブラッグ散乱が生じるところである．そのため，2次元，3次元の電子状態を知るには，ブラッグ散乱の条件を与える逆格子の概念を理解しておく必要がある．ここでは，以後の議論に必要な逆格子の性質とエバルト球による回折条件を簡単に説明しておく．

2.6.1 立方晶系の消滅則と逆格子点

結晶回折の理論（参考書[1]の第 2 章参照）によれば，立方晶系のブラッグ反射の条件はミラー指数 $\{hkl\}$ に対し，

単純立方格子：すべての {hkl}
bcc：{110}, {200}, {211}, ・・・・ [h+k+l が偶数]
fcc：{111}, {200}, {220}, ・・・・ [すべての h, k, l が奇数または偶数]

であった．これらの指数を単位ベクトルの長さを $1/a$ として座標点 ($\pm h, \pm k, \pm l$) に格子点を置くと，**図 2-11** に示すような空間格子をつくる．

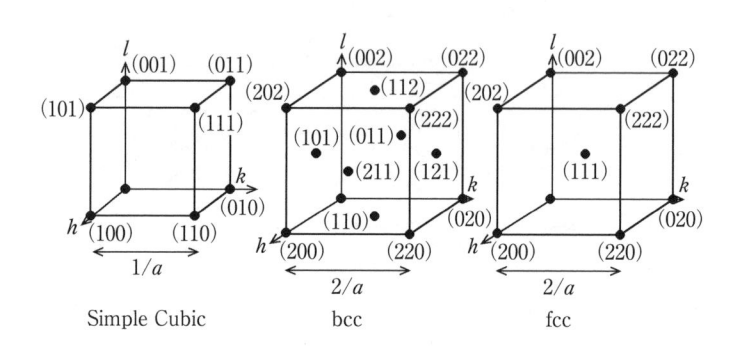

図 2-11 立方格子についてブラッグ反射が生じるミラー指数を座標点としてプロットした図．単位ベクトルの長さを $1/a$ として (hkl) をプロットすると，単純立方格子の場合は格子定数を $1/a$，bcc，fcc の場合は格子定数を $2/a$ とすると，逆格子単位胞となる．括弧内は $1/a$ を単位とする x, y, z 方向の位置座標．

このとき，実空間格子とブラッグ散乱を生じるミラー指数がつくる格子との間には以下の対応がある．

単純立方格子 → 単純立方格子
体心立方格子 → 面心立方格子
面心立方格子 → 体心立方格子

このようにしてつくられる格子を逆格子（reciprocal lattice）という（ただし，このように定義できるのはブラベー格子点に1種類の原子が置かれた単純結晶の場合のみである．一般の場合は以下の数学的定義による）．

2.6.2 逆格子の一般的な定義

空間格子の基本並進ベクトルを $\boldsymbol{a}, \boldsymbol{b}, \boldsymbol{c}$ としたとき，対応する逆格子の基本並進ベクトルは

$$a^* = \frac{b \times c}{a \cdot [b \times c]}, \quad b^* = \frac{c \times a}{a \cdot [b \times c]}, \quad c^* = \frac{a \times b}{a \cdot [b \times c]} \quad (2\text{-}19)$$

で定義される．なお，この 2π 倍，すなわち，$A = 2\pi a^*$，$B = 2\pi b^*$，$C = 2\pi c^*$ を逆格子基本並進ベクトルと定義すると，波数ベクトル空間（k 空間）でのベクトルと見なすことができ便利なことが多い．このテキストでもブリルアン・ゾーンと関連する所から(2-19)式の定義を使う．

2.6.3 逆格子の性質

（**1**）　逆格子基本並進ベクトル（a^*, b^*, c^*）と空間格子基本並進ベクトル（a, b, c）の関係．

$$a^* \cdot a = b^* \cdot b = c^* \cdot c = 1,$$
$$a^* \cdot b = a^* \cdot c = b^* \cdot a = b^* \cdot c = c^* \cdot a = c^* \cdot b = 0 \quad (2\text{-}20)$$

本来，これらの関係式が逆格子基本並進ベクトルの定義であるが，(2-19)式で定義された a^*, b^*, c^* が(2-20)式を満足することは容易に示すことができる．

（**2**）　原点から逆格子点（h, k, l）へのベクトル（逆格子ベクトル）$r^* = ha^* + kb^* + lc^*$ は空間格子の（hkl）面に垂直である．

証　明（図 **2-12** 参照）：

ミラー指数の定義より，ベクトル $\dfrac{a}{h} - \dfrac{b}{k}$ は（hkl）面に含まれる．このベクトルと逆格子ベクトル r^* との内積を取ると，(2-20)式より

$$r^*(hkl) \cdot \left(\frac{a}{h} - \frac{b}{k}\right) = (ha^* + kb^* + lc^*) \cdot \left(\frac{a}{h} - \frac{b}{k}\right) = a^* \cdot a - b^* \cdot b = 1 - 1 = 0$$

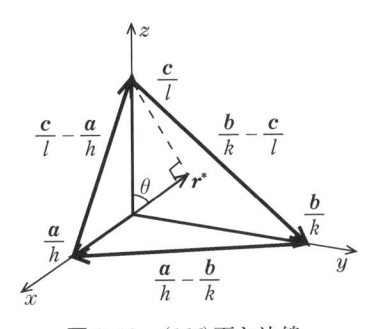

図 **2-12**　（hkl）面と法線．

となり，互いに直交する．この関係はベクトル $\bm{b}/k - \bm{c}/l$, $\bm{c}/l - \bm{a}/h$ との間にも成り立ち，これらのベクトルを含む面，すなわち (hkl) 面と $\bm{r}^*$ は垂直であることがわかる．

（3） ベクトル $\bm{r}^*$ の長さ $|\bm{r}^*|$ の逆数は空間格子の (hkl) 面の間隔に等しい．

証　明：

原点より (hkl) 面に降ろした垂線（$\bm{r}^*$ に平行）の長さ d_{hkl} は図 2-12 より

$$d_{hkl} = \left(\frac{c}{l}\right)\cos\theta = \frac{\bm{c}\cdot\bm{r}^*}{l|\bm{r}^*|} = \frac{\bm{c}\cdot(h\bm{a}^*+k\bm{b}^*+l\bm{c}^*)}{l|\bm{r}^*|} = \frac{l\bm{c}\cdot\bm{c}^*}{l|\bm{r}^*|} = \frac{1}{|\bm{r}^*|} \tag{2-21}$$

2.6.4　立方晶系，六方晶系の逆格子

（1）　単純立方格子

基本並進ベクトル：

$\bm{a} = a\hat{\bm{x}}$, $\bm{b} = a\hat{\bm{y}}$, $\bm{c} = a\hat{\bm{z}}$　（a：格子定数，$\hat{\bm{x}}, \hat{\bm{y}}, \hat{\bm{z}}$：直交座標の単位ベクトル）

したがって，$\bm{a}\cdot[\bm{b}\times\bm{c}] = a^3$, $\bm{a}\times\bm{b} = a^2\hat{\bm{z}}$, $\bm{b}\times\bm{c} = a^2\hat{\bm{x}}$, $\bm{c}\times\bm{a} = a^2\hat{\bm{y}}$．(2-19)式より

$$\bm{a}^* = \frac{\hat{\bm{x}}}{a}, \quad \bm{b}^* = \frac{\hat{\bm{y}}}{a}, \quad \bm{c}^* = \frac{\hat{\bm{z}}}{a}$$

となり，逆格子も格子定数 $1/a$ の単純立方格子である．

（2）　体心立方格子（bcc）

基本並進ベクトル：

$$\bm{a} = \frac{a}{2}(\hat{\bm{x}}+\hat{\bm{y}}-\hat{\bm{z}}), \quad \bm{b} = \frac{a}{2}(-\hat{\bm{x}}+\hat{\bm{y}}+\hat{\bm{z}}), \quad \bm{c} = \frac{a}{2}(\hat{\bm{x}}-\hat{\bm{y}}+\hat{\bm{z}}) \tag{2-22}$$

したがって

$$\bm{b}\times\bm{c} = \frac{a^2}{4}\begin{vmatrix}\hat{\bm{x}} & \hat{\bm{y}} & \hat{\bm{z}} \\ -1 & 1 & 1 \\ 1 & -1 & 1\end{vmatrix} = \frac{a^2}{2}(\hat{\bm{x}}+\hat{\bm{y}}) \tag{2-23}$$

$$\bm{a}\cdot[\bm{b}\times\bm{c}] = \frac{a}{2}(\hat{\bm{x}}+\hat{\bm{y}}-\hat{\bm{z}})\cdot\frac{a^2}{2}(\hat{\bm{x}}+\hat{\bm{y}}) = \frac{a^3}{2} \tag{2-24}$$

$$\bm{a}^* = \frac{\bm{b}\times\bm{c}}{\bm{a}\cdot[\bm{b}\times\bm{c}]} = \frac{1}{a}(\hat{\bm{x}}+\hat{\bm{y}}) \tag{2-25}$$

同様に

$$\boldsymbol{b}^* = \frac{1}{a}(\hat{\boldsymbol{y}} + \hat{\boldsymbol{z}}), \quad \boldsymbol{c}^* = \frac{1}{a}(\hat{\boldsymbol{x}} + \hat{\boldsymbol{z}}) \tag{2-26}$$

これは，格子定数 $2/a$ の fcc 格子の基本並進ベクトルに等しい．

（3） 面心立方格子(fcc)

基本並進ベクトル：

$$\boldsymbol{a} = \frac{a}{2}(\hat{\boldsymbol{x}} + \hat{\boldsymbol{y}}), \quad \boldsymbol{b} = \frac{a}{2}(\hat{\boldsymbol{y}} + \hat{\boldsymbol{z}}), \quad \boldsymbol{c} = \frac{a}{2}(\hat{\boldsymbol{z}} + \hat{\boldsymbol{x}}) \tag{2-27}$$

逆格子基本並進ベクトル（証明は略）：

$$\boldsymbol{a}^* = \frac{1}{a}(\hat{\boldsymbol{x}} + \hat{\boldsymbol{y}} - \hat{\boldsymbol{z}}), \quad \boldsymbol{b}^* = \frac{1}{a}(-\hat{\boldsymbol{x}} + \hat{\boldsymbol{y}} + \hat{\boldsymbol{z}}), \quad \boldsymbol{c}^* = \frac{1}{a}(\hat{\boldsymbol{x}} - \hat{\boldsymbol{y}} + \hat{\boldsymbol{z}}) \tag{2-28}$$

これは，格子定数 $2/a$ の bcc 格子の基本並進ベクトルに等しい．

（4） 六方晶系(図 2-13)

基本並進ベクトル：

$$\boldsymbol{a} = \frac{\sqrt{3}}{2}a\hat{\boldsymbol{x}} + \frac{1}{2}a\hat{\boldsymbol{y}}, \quad \boldsymbol{b} = -\frac{\sqrt{3}}{2}a\hat{\boldsymbol{x}} + \frac{1}{2}a\hat{\boldsymbol{y}}, \quad \boldsymbol{c} = c\hat{\boldsymbol{z}} \tag{2-29}$$

逆格子基本並進ベクトル：

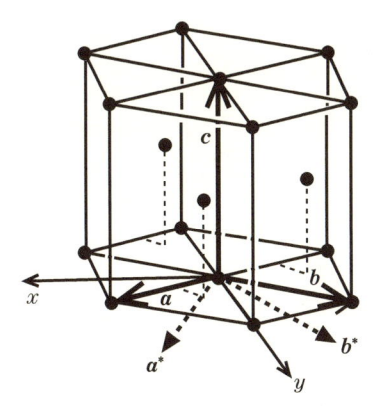

図 2-13　六方晶系の基本単位格子と逆格子（点線）．

$$a^* = \frac{1}{\sqrt{3}a}(\hat{x}+\sqrt{3}\hat{y}), \quad b^* = \frac{1}{\sqrt{3}a}(-\hat{x}+\sqrt{3}\hat{y}), \quad c^* = \frac{1}{c}\hat{z} \tag{2-30}$$

すなわち，逆格子も六方晶系をつくる．

2.6.5 逆格子空間と波数(k)空間

以下逆格子として先に求めた値を 2π 倍したもの，したがって，逆格子基本並進ベクトルとして，$A=2\pi a^*$，$B=2\pi b^*$，$C=2\pi c^*$ を採用する．

逆格子のつくる空間を**逆格子空間**とよび，その中の任意のベクトル k は方向 $k/|k|$，波長 $\lambda=2\pi/|k|$ すなわち波数ベクトル k の平面波に対応する．したがって，k に垂直な面は実空間の波面に対応し，その面間隔は，$2\pi/|k|$ である．

逆に，逆格子点 $G=2\pi r^*=hA+kB+lC$ は波数ベクトルのつくる空間（k 空間）においてこれに対応する波面には実際の原子面が存在する特殊な点と見なせる．このことから，ブラッグ条件を逆格子ベクトルと波数ベクトル間の幾何学的関係として表すことができる．

2.6.6 エバルト球とブラッグ条件

図 2-14 に示すように，入射 X 線（または電子線）の波数ベクトル $k(=\overrightarrow{AO})$ をその先端が逆格子空間の原点(O)にくるように描く．そして，起点(A)を中心と

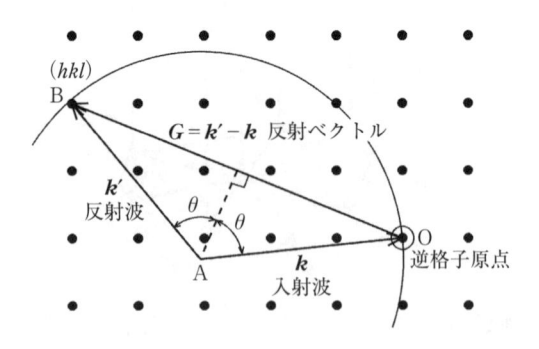

図 2-14 逆格子とエバルト球．θ は (hkl) 面と入射波のなす角．すなわち実空間での入射角に相当する．

して半径 $|k|$ の円（3次元の場合は球）を描く．この円（球面）が逆格子点 G(B) と交わればその逆格子点に対応する (hkl) 面でブラッグ反射が起こる．そして，$k'(=\overrightarrow{AB})$ の方向が反射波の方向である．この球（円）を**エバルト球**とよび，結晶の回折条件を調べるのに便利である．

証 明：

逆格子の性質(3)より

$$|\overrightarrow{OB}|=|G|=\frac{2\pi}{d_{hkl}} \tag{2-31}$$

電子波の波長を λ とすると，波数の定義より

$$|\overrightarrow{OA}|=|\overrightarrow{AB}|=|k|=|k'|=\frac{2\pi}{\lambda} \tag{2-32}$$

図 2-14 より $|k|\sin\theta=|G|/2$，したがって，$2d_{hkl}\sin\theta=\lambda$ となりブラッグ条件と一致する．

ベクトルで書くと

$$\overrightarrow{AO}+\overrightarrow{OB}=\overrightarrow{AB}\equiv k+G=k' \tag{2-33}$$

あるいは，$|k+G|^2=k'^2$，$k^2=k'^2$ より

$$2k\cdot G+G^2=0 \tag{2-34}$$

(2-33)または(2-34)式が逆格子ベクトルと波数ベクトルで表したブラッグ条件になる．

2.7　2次元，3次元空間でのブリルアン・ゾーン

1次元モデルで示したように結晶中の電子はブラッグ条件を満たす波数ベクトルでエネルギーギャップが生じる．したがって，2次元，3次元ではブラッグ条件 $k+G=k'$ を満たす k がつくる面でエネルギーギャップが生じる．これは，エバルト球による回折条件を考えると，**図 2-15** に示すように k 空間（≡ 逆格子空間）の原点と逆格子点を結ぶ線の垂直2等分線（3次元の場合は面）となる．これらの直線（面）で囲まれた領域を**ブリルアン・ゾーン**(B.Z.)とよぶ．原点に近い方から，第1，第2，…，第 n ブリルアン・ゾーンと名付ける．

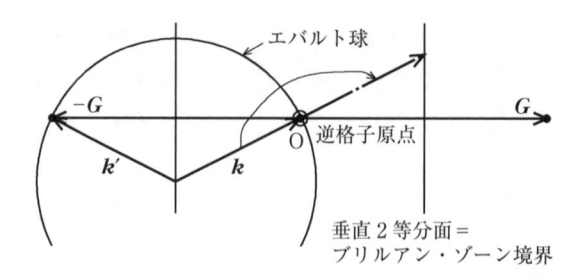

図 2-15 k 空間の原点(O)と逆格子点(G)を結ぶ直線の垂直2等分線(面)上にある波数ベクトルは常にブラッグ条件を満たす．1点鎖線は図2-14に示したエバルト球において，ブラッグ条件を満たす入射ベクトル $\bm{k}$ の始点を逆格子の原点に置いたもの．その頂点は垂直2等分線(面)上にある．

2.7.1 2次元正方格子の第 n ブリルアン・ゾーン

図 2-16 に2次元正方格子のブリルアン・ゾーンを示す．原点から B.Z. 境界を $(n-1)$ 回切る領域を**第 n ブリルアン・ゾーン**という．第 n B.Z. に属す領域の断片を適当に逆格子ベクトル分移動するとパズルの断片をはめ込むようにきっちりと第1 B.Z. を満たす．

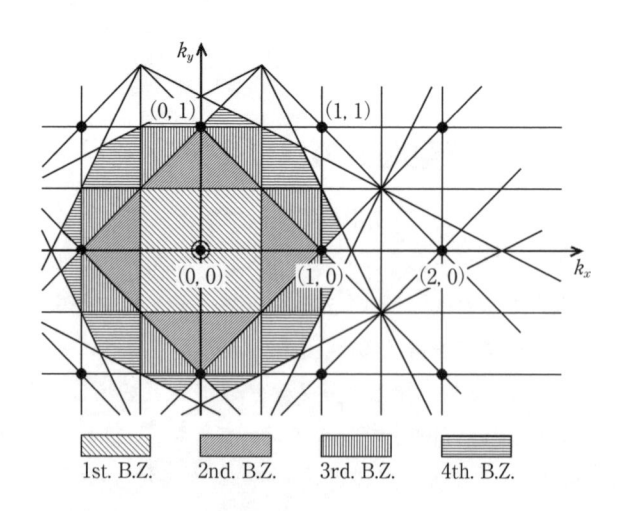

図 2-16 2次元ブリルアン・ゾーン．●は逆格子点．

2.7.2 代表的な結晶系のブリルアン・ゾーン
（1） 体心立方格子

図 2-17 に bcc の第 1 ブリルアン・ゾーンを示す．bcc の逆格子は fcc であるが，この場合，逆格子の原点を体心にとってある．したがって第 1 近接逆格子点は各稜の中心にある．第 1 ブリルアン・ゾーンの境界はこれら第 1 近接逆格子点の垂直 2 等分面からなり正 12 面体である．

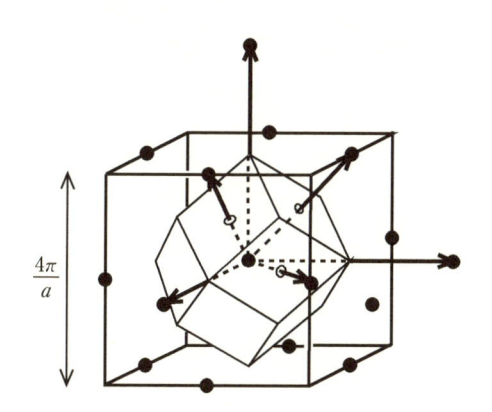

図 2-17 bcc の第 1 ブリルアン・ゾーン．

（2） 面心立方格子

図 2-18 に fcc の第 1 ブリルアン・ゾーンを示す．逆格子の原点は体心にとる．したがって第 1 近接逆格子点はコーナーサイトである．第 1 ブリルアン・ゾーンの境界面は [111] 方向についてはこのコーナーサイトの逆格子点への垂直 2 等分面であるが，[100] 方向へは第 2 近接逆格子点への垂直 2 等分面である．

（3） hcp のブリルアン・ゾーンとジョーンズ・ゾーン

六方晶の第 1，第 2 B.Z. を**図 2-19**(a)，(b)に示す．hcp 構造では(002)面に原子面が存在するので(001)ブラッグ反射は消滅する．したがって，逆格子(001)の垂直 2 等分面，すなわち第 1 B.Z. の上下面ではエネルギーギャップは生じない．初めてエネルギーギャップが生じる面は六方晶系の第 1 B.Z. の側面((c)の A

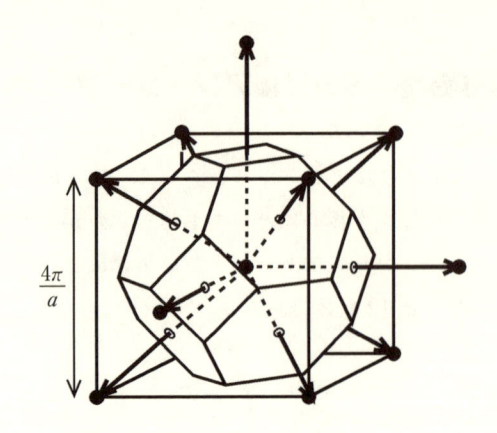

図 2-18 fccの第1ブリルアン・ゾーン.

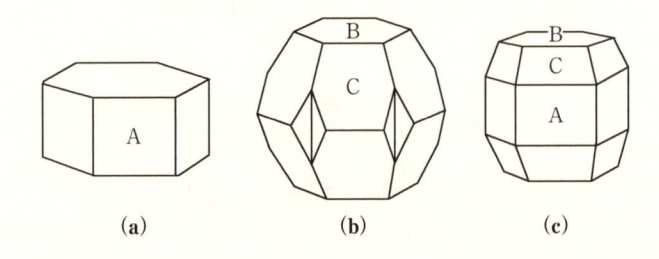

図 2-19 (a)六方晶系の第1ブリルアン・ゾーン, (b)第2ブリルアン・ゾーン. 稠密六方晶(hcp)ではブラベー格子の(002)面($z=(1/2)c$ の位置)にも原子面が存在するのでブラッグ反射は生じない. 同様に電子波にもエネルギーギャップは生じない. したがって, 最初にエネルギーギャップが生じる面は(c)に示す, (a), (b)を合わせた複合ゾーン(c)である. これを**ジョーンズ・ゾーン**とよぶ.

面)と第2B.Z.を合わせた(c)のようなゾーンをつくる. これを特に**ジョーンズ・ゾーン**とよぶ.

演習問題 2-1 周期 a の1次元金属を仮定し, その第4ブリルアン・ゾーン内にある波数 k_4 ($k_4 > 3\pi/a$) の自由電子を第1ブリルアン・ゾーン内の波数 k_1 のブロッホ関数に

還元したとき，そのブロッホ波動関数，$\phi_{k_1}(x)$ および対応する k_1 求めよ．

演習問題 2-2 格子定数 $a=4/5$, $b=4/3$ の 2 次元単純長方格子についてグラフ用紙に逆格子点をプロットし，図 2-16 の要領で，第 1，第 2，第 3，第 4 ブリルアン・ゾーンを示せ．図のスケールは任意でよいが縦横の比は正確に．なお，2 次元逆格子基本ベクトルの定義は，$\boldsymbol{a}^*\cdot\boldsymbol{a}=\boldsymbol{b}^*\cdot\boldsymbol{b}=1$, $\boldsymbol{a}^*\cdot\boldsymbol{b}=\boldsymbol{b}^*\cdot\boldsymbol{a}=0$ とする．

3

フェルミ面と状態密度

　前章では結晶の周期ポテンシャルが電子の波動関数やエネルギー分散曲線にどのような影響を及ぼすかを学んだが，ここでは，そこに電子を配置したとき現れるフェルミ面の形状や状態密度曲線に与える影響を調べ，さらに，原子の集合として説明されるエネルギーバンドとの対応を考察する．

3.1　単純立方格子のフェルミ面

3.1.1　ブリルアン・ゾーンに入る電子の数

　初めに，簡単のため体積 V の単純立方格子について第1ブリルアン・ゾーン (1st. B.Z.) に何個の電子が入るかを調べる．1.5節で調べたように，3次元 k 空間では単位体積当たり $V/8\pi^3$ 個の軌道（k 点の数）が存在する．したがって，格子定数を a とすれば，1st. B.Z. の体積は $V_k=(2\pi/a)^3$ なので，全軌道数は，$(V/8\pi^3)(2\pi/a)^3=V/a^3$ となり，これは格子点の数 N に等しい．1個の軌道にはスピン縮退のため2個の電子が入るので 1st. B.Z. には $2N$ 個の電子が入り得る．後に示すように，これは一般の格子系の場合も同じで，1つのブリルアン・ゾーンに入り得る電子数は一般に格子点数の2倍となる（原子数の2倍ではないことに注意！）．

　さて，各格子点に1個の価電子をもった原子を置き，その電子が自由電子として結晶中を動き回るとすれば，そのエネルギーは k^2 に比例するので，全電子は k 空間で，半径 k_F の球内に収まる．スピン縮退を考慮し，k_F を求めると，$2(V/8\pi^3)(4\pi/3)k_F^3=N$ より，$k_F=(3\pi^2)^{1/3}/a=3.09/a<\pi/a$ と，フェルミ球は 1st. B.Z. 境界に接することなく収まる．1原子当たり2個の価電子をもつ原子の

場合, $k_F=(6\pi^2)^{1/3}/a=3.90/a>\pi/a$ となり, フェルミ面は 1st. B.Z. からはみ出し, 2nd. B.Z. に進入する (図 3-1 の点線).

3.1.2 フェルミ面の形状に及ぼすエネルギーギャップの影響

前章で述べたように周期ポテンシャルがある場合, ブリルアン・ゾーンの境界ではエネルギー分散曲線にギャップが生じる. そのため, ゾーンの内側では自由電子よりエネルギーが低下し, 外側では上昇する. これが, フェルミ面の形にどのような影響を及ぼすかを**図 3-1** に示す. 左図 (a) は単純立方格子の 1st. B.Z. の原点を含む (001) 断面を示し, 右図 ((b), (c), (d)) に k 空間の原点からそれぞれ, A, B, C 方向に k を増加していった場合のエネルギー分散曲線を示す. 今, フェルミ準位が図に示す位置にあったとき (2 価金属の場合に相当), k 空間でフェルミ面の断面が自由電子の場合の円 (図に点線で示す) と比べ, どのように変形するか左右の図を見比べれば理解できよう. 結果として, 自由電子の場合はフェルミ面が常に球状 (2 次元では円) であったのに対し, ゾーンの内側近傍ではフェルミ面は膨らみ, 外側近傍では縮む. すなわち, フェルミ面がゾーン境界に

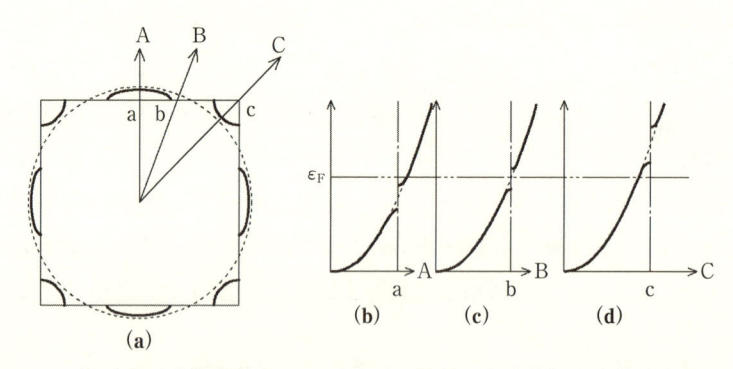

図 3-1 エネルギー分散曲線とフェルミ面の関係. (a) 単純立方格子の 1st. B.Z. と 1 格子点当たり 2 個の電子を入れたときのフェルミ面 (原点を含む (001) すなわち k_x, k_y 面での断面図). 点線は自由電子の場合. 太実線は周期ポテンシャルにより変形したフェルミ面. (b), (c), (d) 左図に示す k 空間の原点から A, B, C 方向に波数を増加していったときのエネルギー分散曲線. ギャップのできる波数の位置 a, b, c は左図のブリルアン・ゾーンの境界にある点と対応している. 2 点鎖線はフェルミ準位を示す.

引き寄せられるように変形することがわかる．

3.1.3 還元ゾーンと空格子近似での分散曲線

1次元の場合と同様，2次元，3次元の場合も，ブロッホの定理により，結晶中の電子の波動関数は波数ベクトルを適当な逆格子ベクトル分移動させることにより $k_1 = k_2 - G$ と 1st. B.Z. 内の波数 k_1 をもったブロッホ関数で表せ，エネルギー分散曲線も 1st. B.Z. 内で表示できる．つまり，還元ゾーン表示ができる．

この場合，エネルギー分散曲線の概要を知るため，結晶ポテンシャルの影響を無限小にした極限，つまり自由電子の分散曲線を 1st. B.Z. 内の主要な線に沿って還元ゾーン表示で調べることは有効である．これを空格子近似という．

● 単純立方格子の空格子近似 (k_x, k_y 断面)

単純立方格子の 1st. B.Z. の k_x, k_y 断面は正方形である．1st. B.Z. の主要な逆格子点に**図 3-2** に示すような名前を付ける．また，1st. B.Z. 外の等価な点，Γ', X' etc. は逆格子ベクトル分平行移動させると，それぞれ，Γ点，X点に一致させることができる．したがって，たとえば，X→Γ' 線上にある波数ベクトルをもった電子のエネルギーは，X→Γ 線上に還元ゾーン表示できる．

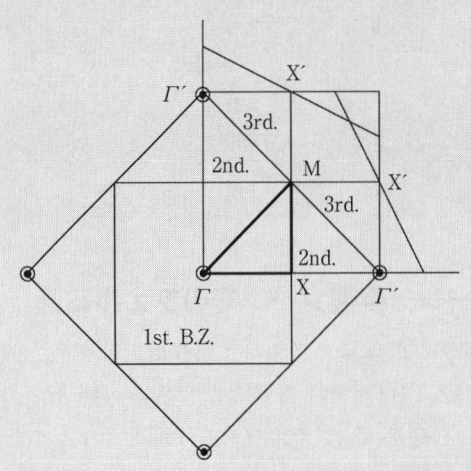

図 3-2 単純立方格子のブリルアン・ゾーンと主要な逆格子点（原点を含む (001) 断面図）．

このようにして構成した単純立方格子の分散曲線を，**図 3-3** に点線で示す（3次元の場合は演習問題 3-1 参照）．このとき，X 点のエネルギーを 1 とすれば，それぞれの点のエネルギーは原点からの距離の 2 乗に比例するので，M 点は 2，Γ' 点は 4 になる．実際のエネルギー分散曲線は，図 3-3 の太線で示すように，ブリルアン・ゾーン境界でエネルギーギャップが生じるように変形したものである．後に示すが，実際の 3 次元金属であるアルミニウムのエネルギー分散曲線も，空格子近似による分散曲線を少し修正したものとして理解できる．

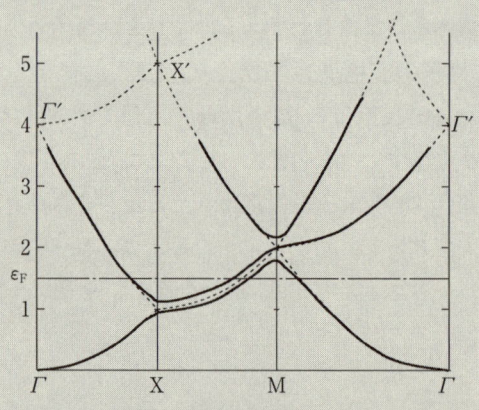

図 3-3 図 3-2 に対応する線上での分散曲線．点線は空格子のエネルギー分散曲線．実線は周期ポテンシャルを考慮した場合の分散曲線．1 点鎖線は 2 価金属の場合のフェルミ準位．

3.1.4 還元ゾーン，反復ゾーンでのフェルミ面

エネルギー分散曲線と同様に，フェルミ面も適当な逆格子ベクトルだけ移動することにより 1st. B.Z. 内に還元することができる．**図 3-4(b)** に (a) で示したフェルミ面に対応する還元ゾーンでのフェルミ面を示す．また，還元ゾーンを繰り返すことにより反復ゾーン形式で表現することもある（図 3-4(c)）．なお，このとき，エネルギー分散曲線がブリルアン・ゾーン境界で勾配が 0 になることに対応し，フェルミ面は常にブリルアン・ゾーン境界面と垂直に交わる．したがっ

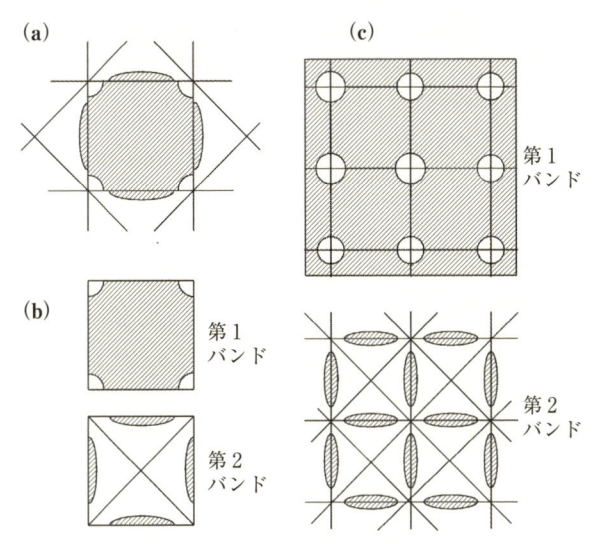

図 3-4 いろいろな表示形式による 2 価の単純立方晶金属のフェルミ面の断面図（原点を含む(001)面を示す）．（a）拡張ゾーン表示，（b）還元ゾーン表示，（c）反復ゾーン表示．

て，反復ゾーン形式で表したフェルミ面はブリルアン・ゾーン境界でスムーズにつながる．

3.1.5 立方晶金属のブリルアン・ゾーンとフェルミ面

他の結晶系の場合も同様に 1st. B.Z. には $2N$ 個，すなわち 1 格子点当たり 2 個の電子が収容できる．表 3-1 に単純立方格子，bcc，fcc のブリルアン・ゾーンの性質として，内接球の大きさなどを列挙しておく．

3.1.6 hcp とジョーンズ・ゾーン

1st. B.Z. と 2nd. B.Z. の複合体であるジョーンズ・ゾーンに収容できる状態数は計算が複雑である．結果のみ示せば，1 原子当たりの状態数は

$$n_\mathrm{J} = 2 - \frac{3}{4}\left(\frac{a}{c}\right)^2\left[1 - \frac{1}{4}\left(\frac{a}{c}\right)^2\right] \tag{3-1}$$

となる．またジョーンズ・ゾーン（図 2-19 参照）の内接球の半径は，

表 3-1 立方格子のブリルアン・ゾーンと電子収容数.

結晶構造	単純立方格子	bcc	fcc
逆格子	S.C	fcc	bcc
1st. B.Z. の形状	立方体	図 2-17	図 2-18
1st. B.Z. の体積	$(2\pi/a)^3$	$\frac{1}{4}(4\pi/a)^3$	$\frac{1}{2}(4\pi/a)^3$
1st. B.Z. の状態数	$2V/a^3$	$4V/a^3$	$8V/a^3$
体積 V 中の原子数	V/a^3	$2V/a^3$	$4V/a^3$
1st. B.Z. に収容できる電子数/atm n_{BZ}	2	2	2
1st. B.Z. に内接する球の半径	π/a	$\sqrt{2}\pi/a = 4.443/a$	$\sqrt{3}\pi/a = 5.441/a$
内接球に収容できる電子数/atm n_{e}	$\pi/3 = 1.047$	$\sqrt{2}\pi/3 = 1.481$	$\sqrt{3}\pi/4 = 1.360$
$n_{\mathrm{e}}/n_{\mathrm{BZ}}$	0.52	0.74	0.68

側面内接球半径：$k_{\mathrm{A}} = 2\pi/\sqrt{3}\,a$, 上下面内接球半径：$k_{\mathrm{B}} = 2\pi/c$ となる. 理想 hcp では $(c/a) = (8/3)^{1/2}$ なので, $k_{\mathrm{A}}/k_{\mathrm{B}} = (8/9)^{1/2}$ となる.

3.2 状態密度曲線

金属の諸物性をその電子構造から説明し予測するにはエネルギー分散曲線までさかのぼらなくとも, 状態密度曲線がわかれば十分である場合が多い. ここでは, 結晶中の電子のエネルギー状態密度曲線がどのようにして決まるかを調べる.

3.2.1 $\varepsilon(k)$ から状態密度を求める

状態密度とは電子のエネルギーが $\varepsilon \sim \varepsilon + d\varepsilon$ 間にある状態数(軌道の数×2)のことで, 自由電子の場合は等エネルギー面が球面であるため容易に求まるが, 一般の場合は分散曲線から得られる等エネルギー面において, 面積 dS, 厚さ $dk = d\varepsilon/(d\varepsilon/dk)$ の体積素片を取り, 全等エネルギー面について積分することにより求まる(図 3-5 参照). すなわち

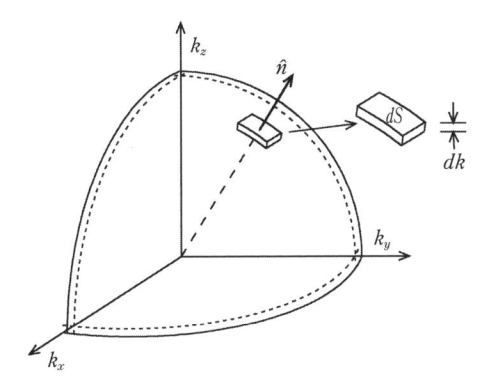

図 3-5 状態密度の導出．厚さ dk，面積 dS の素片を等エネルギー面で積分する．

$$D(\varepsilon)d\varepsilon = 2\frac{V}{8\pi^3}\left[\iint_{\text{等エネルギー面}}\frac{dS}{(d\varepsilon/dk)_n}\right]d\varepsilon \tag{3-2}$$

ここで，$(d\varepsilon/dk)_n$ は等エネルギー面の垂線方向への微分を表す．

自由電子について，この方法で状態密度を求めると，$\varepsilon(k)=(\hbar^2/2m)k^2$，$d\varepsilon/dk=(\hbar^2/m)k$，極座標系では $dS=k^2\sin\theta\,d\theta\,d\phi$，ゆえに

$$D(\varepsilon) = 2\cdot\frac{V}{8\pi^3}\frac{m}{\hbar^2}\iint\frac{dS}{k} = \frac{V}{4\pi^3}\frac{m}{\hbar^2}4\pi k = \frac{V}{2\pi^2}\left(\frac{2m}{\hbar^2}\right)^{3/2}\varepsilon^{1/2} \tag{3-3}$$

と，当然のことながら，(1-29)式と同じ結果が得られる．

3.2.2 状態密度に及ぼすブリルアン・ゾーンの影響

等エネルギー面がブリルアン・ゾーンに近づくと，(i)形状が球からずれ，全表面積が増加する（**図 3-6**(a) E_2 面）．(ii)エネルギーギャップに近づくので，$(d\varepsilon/dk)_n$ が減少する．つまり，面積素片の厚さ dk が増加するという2つの効果により，状態密度は自由電子の値からずれ，増加する．一方，等エネルギー面がブリルアン・ゾーン境界にぶつかると，そのエネルギーレベルはバンドギャップ内に入るので，その部分のフェルミ面が消失し状態密度は急激に減少する．このとき，エネルギーギャップがそれほど大きくなければ，1st. B.Z. 内の等エネルギー面が完全に消失する前に，2nd. B.Z. に等エネルギー面が現れ（図 3-6(a) E_3 面）．**状態密度曲線にはエネルギーギャップは生じない**．つまり，1原子当たり

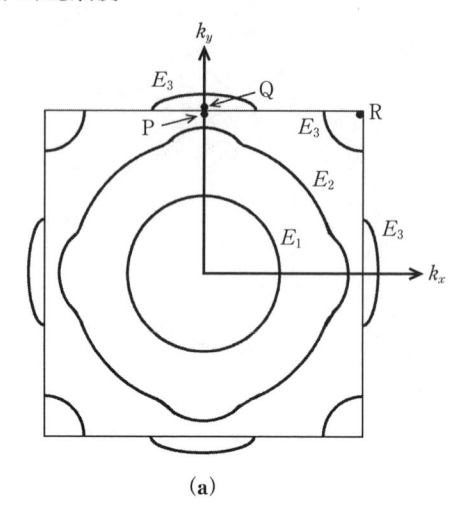

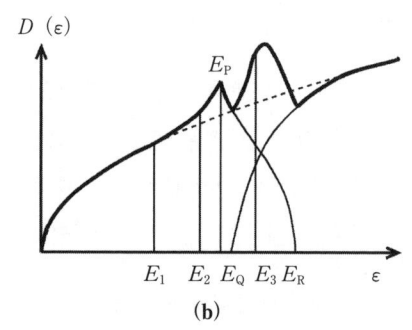

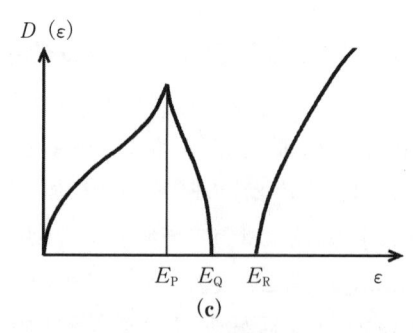

図 3-6 等エネルギー面の変化と状態密度.
(a) エネルギーギャップがそれほど大きくない場合の等エネルギー面の変化.
(b) (a) に対応する状態密度曲線. 対応するエネルギーも下付文字で示してある.
(c) エネルギーギャップが大きい場合の状態密度. 1st. B.Z. が完全に占有されるまで 2nd. B.Z. には電子は入らない.

の電子数が2個の場合でも絶縁体にはならない．一方，ブリルアン・ゾーン境界でのエネルギーギャップが大きいと，電子が 1st. B.Z. を完全に満たすまで，2nd. B.Z. には等エネルギー面（フェルミ面）は現れず，状態密度曲線にもギャップが生じる．したがってその場合，電子数が1原子当たり2個の固体は絶縁体または半導体になる．その間の事情を図 3-6 に示す．

3.2.3 多原子分子からのアプローチとの対応

固体中で電子がエネルギーバンドを形成することを定性的に説明する方法として，よく多原子分子モデルが使われる．**図 3-7** は N 個の水素原子を横1列に結合したときの波動関数とエネルギーレベルを模式的に示したものである．$N=2$ の場合，つまり水素分子はエネルギーの低い結合軌道と，励起状態である反結合軌道に分裂することはよく知られている．結合軌道は各原子の 1s 軌道を ＋＋ の符号で，反結合軌道は ＋− の符号で足し合わせたものである．この場合，正電荷である2つの原子核の中間に電子が分布するため静電ポテンシャルエネルギーが低く，かつ波動関数がより緩やかに振動するので，結合軌道は反結合軌道に比べ運動エネルギーも低くなる．同様に，$N=3$，$N=4$ の場合も示すが，最低エネルギーの分子軌道はすべての原子波動関数を同符号で足し合わせたものであり，最高エネルギーの分子軌道は，＋，− を交互に足し合わせたものである．

さらに，N を大きくした場合のエネルギーレベル分裂の様子を**図 3-8** に示す．

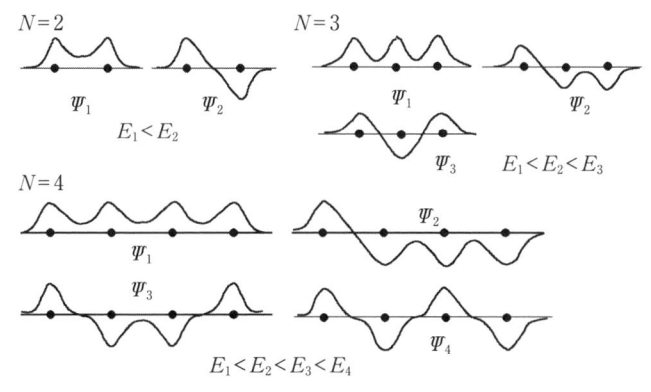

図 3-7 2, 3, 4 個の水素原子からなる分子の波動関数とエネルギーを示す模式図．

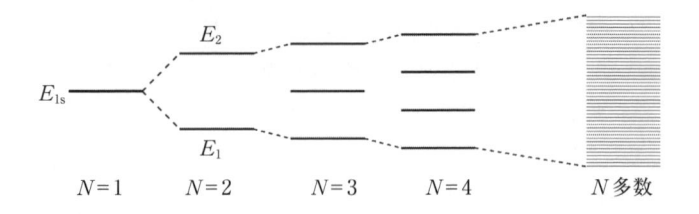

図3-8 多原子分子のエネルギーレベル．Nが十分大きい場合，エネルギーレベルはほとんど連続的に分布する．

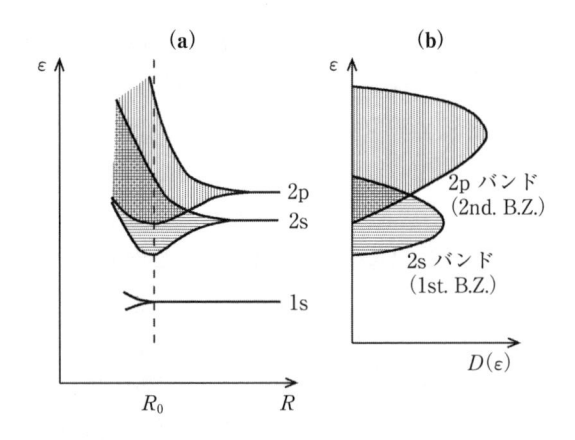

図3-9 (a) 原子間距離の関数として示した結晶のエネルギーレベル．(b) 平衡原子間距離にある場合の対応する状態密度．

最低エネルギーと最高エネルギーの差はほぼ原子間距離によって決まるので，個々のエネルギーレベル間隔はNの増加と共に減少し，実際の固体ではほとんど連続的に分布する．すなわち，エネルギーバンドを形成する．図3-9(a)は，さらに高い(2s, 2p)エネルギーレベルの軌道も含め，固体の原子間距離の関数として軌道の分裂(エネルギーバンドの形成)の様子を示す．このとき，隣り合ったエネルギーレベルの間隔は一様ではなく$\Delta\varepsilon$内に含まれるエネルギーレベルの数，すなわち状態密度は一様でない．その様子を図3-9(b)に示す．このようにして形成されるバンドはブリルアン・ゾーンより生じるバンド(図3-6)と対応している．

3.3 バンド計算

　実際の金属や固体の電子構造，すなわちエネルギー分散曲線や状態密度曲線はいろいろな近似法により求める．最近ではパソコンでも実行可能なプログラムが市販されているようである．詳細は専門書[3~5]に委ねるが，その手法の概略は以下のようなプロセスで行う．

3.3.1 計算のプロセス

（**1**）その物質に応じた適当な周期ポテンシャルを定める．よく使われる手法は，原子核を中心とする一定範囲の球内では内殻電子の影響も取り入れた原子のポテンシャルを採用し，球外では境界でつながる一定値を取る．これを**マフィンティンポテンシャル**とよび，1次元での概念図を**図3-10**に示す．

（**2**）1st. B.Z. の特定の線に沿ってシュレーディンガー方程式を解きエネルギー固有値 $E(k)$ を求める．波動関数はブロッホの定理を満たすものでなければならない．また，還元ゾーンで表現するため1つの k に対し多くの固有値が求まる．

（**3**）その結果をグラフに表し分散曲線を描く．

（**4**）分散曲線を基にフェルミ面の形状，状態密度などを求める．

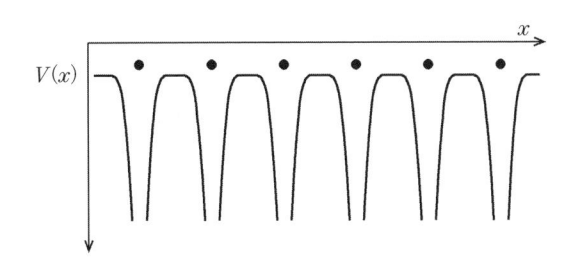

図3-10　マフィンティンポテンシャル(1次元での概念図)．結晶中を動き回る電子が感じる静電ポテンシャルで，原子内部では原子に対するポテンシャル，原子間隙では一定のポテンシャルをもつというモデル．日本語では「たこやき鉄板」ポテンシャルとでもいうべきか？

3.3.2 主な計算方法

バンド計算はほとんどの場合変分法近似による．つまり，適当な試行関数を物理的考察により仮定し，その中に含まれるパラメータを全エネルギーが極小となるよう変分原理で求める(変分原理については付録Cを参照)．用いる試行関数によっていろいろな計算法が考案されている．

（1） 強く束縛された(tight binding)電子近似

結晶の波動関数を構成原子の波動関数の1次結合で近似する．いわば，多原子分子からのアプローチを具体化したものといえる．

（2） 補強された平面波(APW : augmented plane wave)法

原子核に近い球内では原子のポテンシャルについて原子波動関数を求め，球外(原子間隙)は平面波で近似し，両者が球面上でつながるという境界条件の下で波動方程式を解く，標準的な方法である．

（3） 偽ポテンシャル(pseudo potential)法

原子核に近い球内では波動関数の振動による正の運動エネルギーと負のポテンシャルエネルギーが打ち消し合い，電子は見かけ上小さいポテンシャル(偽ポテンシャル)を感じて運動していると見なせることに着目し，簡単な，浅い井戸型ポテンシャルを仮定して計算する．本来のポテンシャル $V(r)$ を使う代わりにモデルポテンシャルに実験に合うよう定めるパラメータを含ませる方法で，いわゆる第1原理に基づく計算ではないが，実験事実の説明(金属の凝集エネルギー，弾性率など)に有効である．

3.4　バンド計算による電子構造 —Al と Cu—

この節では，実際の金属のバンド構造，フェルミ面の形状，状態密度などを代表的な fcc 金属である，Al と Cu について調べる．分散曲線は通例に従い，fcc ブリルアン・ゾーンの主要な点の間について示すが，**図 3-11** にそのとき用いる主要点の位置を示す．

3.4 バンド計算による電子構造 —AlとCu—　53

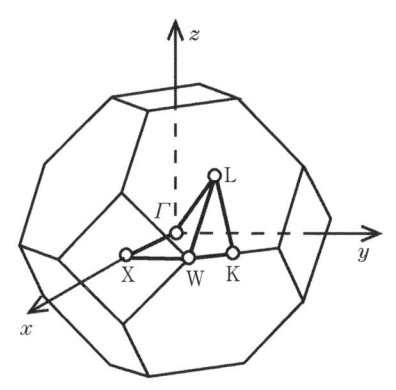

図 3-11　面心立方格子の第1ブリルアン・ゾーンと主な対称点．分散曲線は普通，図に太線で示した線上についての結果を示す．

3.4.1 アルミニウム

（1）エネルギー分散曲線

図 3-12 にアルミニウムの分散曲線を示す．実線は APW 法で計算した結果であり，点線は空格子近似での分散曲線を示す．図からわかるように，この場合，X-W 間，W-L 間などのブリルアン・ゾーン境界で，空格子近似では1本であった曲線が，エネルギーギャップが発生するため2本に分裂することを除いては，

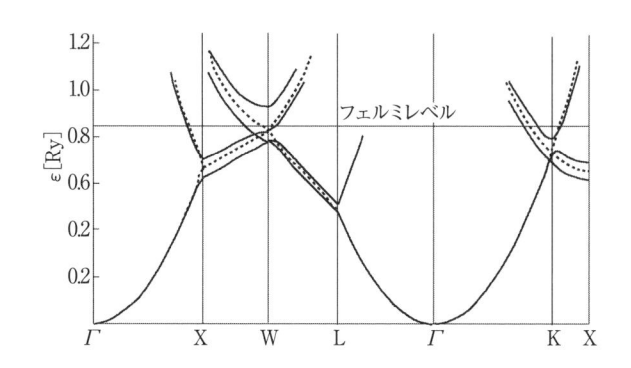

図 3-12　アルミニウムのエネルギー分散曲線．実線は APW 法による計算値．点線は fcc 空格子の分散曲線（参考書[3] p. 96）．

54 3 フェルミ面と状態密度

比較的自由電子の分散曲線に近いことがわかる．

（2） 状態密度

図 3-13 にバンド計算より求めた分散曲線を基に計算した状態密度曲線を示す．縦線は 1 原子当たりの電子数を 3 個として求めたフェルミ準位の位置を示す．大雑把には，自由電子の状態密度曲線に類似し，エネルギーの平方根に比例して変化するが，フェルミ準位付近では図 3-6 に示したようにブリルアン・ゾーン境界にできるエネルギーギャップの影響を受け小さな凹凸が生じる．しかし，その影響は比較的わずかで，大きな電気伝導度を示すなど，アルミニウム金属の性質は自由電子のそれに近い．

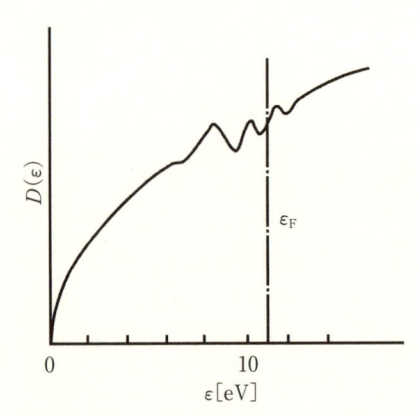

図 3-13 アルミニウムの状態密度(参考書[3] p.100)．1 点鎖線はフェルミ準位を示す．

（3） フェルミ面

Al のフェルミ面の形状は大変複雑な形をしている．その原因は Al は 1 原子当たり 3 個の価電子をもつため，1st. B.Z. は完全に電子で満たされ，フェルミ面は 2nd., 3rd. B.Z. にはみ出しており，これを還元ゾーン表示で表すと複雑な形状になってしまうからである．実際，フェルミ面を拡張ゾーンで示すとほとんど球に近く，やはり自由電子に近いことがわかる．

図 3-14 は 2nd. B.Z. にはみ出したフェルミ面を還元表示で表したものである．この場合，2 次元金属の場合の第 2 バンドのフェルミ面(図 3-4(c))のように，

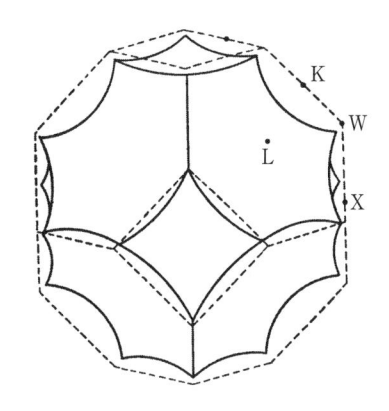

図 3-14 アルミニウムの 2nd. B.Z. のフェルミ面(参考書[3] p. 99).

外側が電子の詰まった領域であり，中側が空状態である．そのため，この曲面をホール面とよぶことがある．Al の場合，フェルミ面はさらに 3rd. B.Z. まではみ出し，還元ゾーンで表すとバタフライとよばれる複雑な形状を示す．つまり，フェルミ面が 2 枚存在することになる．ただ，フェルミ面の形状が物性に反映するのは極めて特殊な場合なので，これ以上立ち入らないことにする．

3.4.2 銅

（1） エネルギー分散曲線と状態密度

図 3-15 に銅のエネルギー分散曲線を示す．Al の場合と異なりかなり複雑である．特に，0.4〜0.6 Ry(原子単位：1 Ry = 13.60 eV)辺りに，ほとんど平行な曲線が 4 本または 5 本存在する．これは，3d 軌道がエネルギーバンドを形成するためである．Cu 原子の電子配置は $1s^22s^22p^63s^23p^63d^{10}4s^1$ であり，3d 軌道は 10 個の電子が詰まっており閉殻と考えられるが，結晶(金属銅)になった場合は隣接原子の 3d 軌道が重なり合い，多原子分子モデルで示したように，3d レベルは無数に分裂しエネルギーバンドを形成し，電子は結晶中を動き回る．

多原子分子からのアプローチ(図 3-9(a))にならって，原子間距離を小さくしていった場合のバンド形成の様子を**図 3-16** に示す．3d 軌道のエネルギーは分裂しバンドを形成するが，その幅(最低エネルギーと最高エネルギーの差)は 4s や 4p 軌道が形成するバンドのそれに比べるとかなり狭い．さらに，3d 軌道には 1

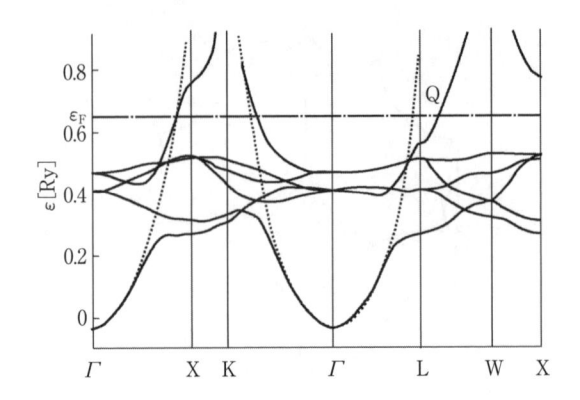

図 3-15 銅のエネルギー分散曲線．点線は fcc 空格子の分散曲線(参考書[3] p. 139)．

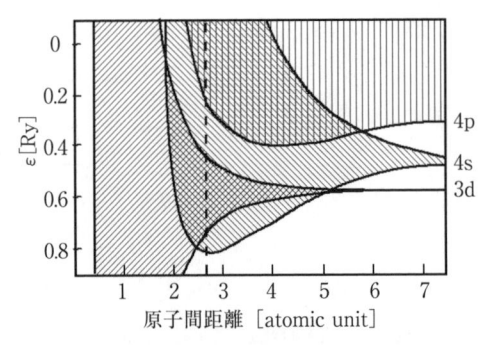

図 3-16 原子間距離の関数としての Cu のバンド形成の様子[1]．

原子当たり 10 個の状態が存在するので，対応するエネルギー領域の状態密度は**図 3-17** に示すように非常に大きくかつ複雑な形になる．このような傾向は，3d 電子をもつ遷移金属に共通に見られ，遷移金属が様々な興味ある物性を示す原因となっている．一方，4s や 4p 軌道は隣接する原子間で波動関数の重なりが大きく自由電子に近いはずである．ただ，原子状態(球対称ポテンシャル中)では s, p, d 状態は独立な解として意味をもつが，結晶中では，混ざり合ってしまい，分散曲線ではどの曲線が 4s 起源のものであるかははっきりしなくなる．それでも，図 3-15 に点線で示したように，主として 3d 起源のバンドが分布する付近を除き，空格子近似の分散曲線に対応する分枝が存在することがわかる．

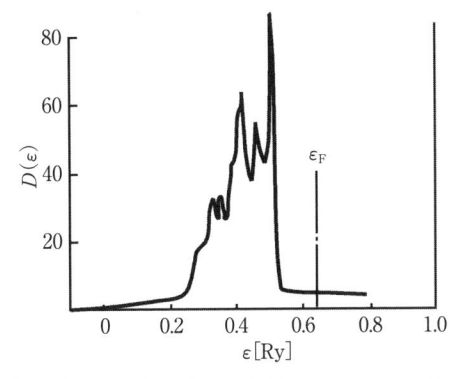

図 3-17 Cu の状態密度曲線(参考書[3] p.141). 中央の高い状態密度は 3d 成分. すそに広がる成分は 4s, 4p 起源.

（2） フェルミ面

3d 軌道を閉殻と見なし，4s 電子のみを価電子と考えると，1 原子当たり 1 個の自由電子が存在することになり，1st. B.Z. に完全に収まり，フェルミ面は球状になるはずであるが，実際には 3d 電子もバンドを形成するのでより複雑になる．**図 3-18** はバンド計算によって求めた分散曲線を基に描いた Cu のフェルミ面を示す．大雑把に見ると球状に近いが，L 点の所でフェルミ面がゾーン境界にぶつかり，L 点を中心とした円内でフェルミ面が消失し，反復ゾーン表示で表すと，この部分(ネックとよばれる)でとなりの領域の球面と繋がった特異な形状を

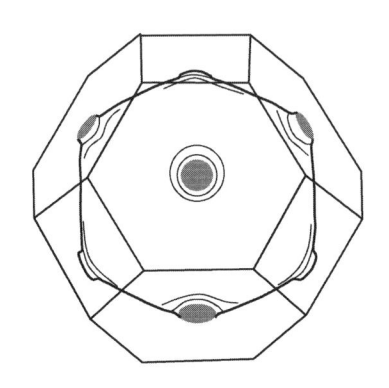

図 3-18 Cu のフェルミ面(参考書[3] p.142).

している. なぜネックが生じるかは, 図 3-15 の分散曲線を注意深く見ると, Γ 点から発した曲線が L 点の所ではフェルミ準位より下にあり, エネルギーギャップの中に含まれていることがわかる. また, L 点から W 点方向へ伸びる分散曲線 Q は L 点の近傍で, フェルミ準位と交差し, この位置でフェルミ面がゾーン境界と交わることがわかる.

以上で, 固体中の電子のふるまいを理解するうえでの基礎を学んだが, 次章からはこの結果を基に, 金属や半導体のいろいろな物性について各論的に学んでいく.

演習問題 3-1　下図左に単純立方格子の第 1 ブリルアン・ゾーンと主要な点を示す.
（**1**）　電子を自由電子と見なし(空格子近似)X 点のエネルギーを 1 とする単位で第 2 ブリルアン・ゾーンまでの分散曲線を右図の座標系で描け.
（**2**）　2 価の金属の価電子が自由電子としてふるまうとして, そのフェルミエネルギーを上と同じ単位で求め, 図に点線で示せ.

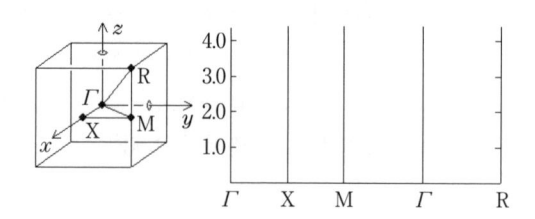

（**3**）　2 価金属について, 第 1 ブリルアン・ゾーン内のフェルミ面の概略図を描け.

金属の基本的性質

前章では結晶の周期ポテンシャル中を運動する電子のふるまいについて，基礎的な事項を学んだが，本章では，固体，特に金属の諸物性が電子論の立場でどのように説明され，理解できるかを各論的に説明する．なお，電子比熱や電気的性質については「材料科学者のための固体物理学入門」[1]で電子を古典気体として扱う電子ガスモデル，フェルミ統計に従う荷電粒子として扱う自由電子モデルによって説明したので一部重複するがここでも簡単にふれておく．

4.1 電子比熱

固体の比熱は大部分格子振動によるもので，原子の振動を**波動**(phonon)としてとらえる，いわゆるデバイ(Debye)モデルでよく説明できることが知られている．ところが，金属の場合，電子も結晶中を電子ガスとして動き回っており，もしこれが理想気体と見なせるなら，さらにモル当たり$(3/2)R$の比熱が加わるはずである．しかし，実際には，ごく低温を除いて，金属の比熱もほぼデバイ・モデルで説明できる．これは電子がフェルミ分布則に従い，フェルミ準位近傍の電子しか熱エネルギーによって励起されないからである．

4.1.1 電子比熱の半定量的導出

金属中の電子は，状態密度曲線の低エネルギー側からフェルミ準位まで電子が詰まっている．通常フェルミ・エネルギーはeVのオーダーで温度にすると数万度になる．ここに熱エネルギーk_BTを与えると，フェルミ準位よりずっと低いエネルギーの電子は行き先がすでに別の電子に占有されており熱励起できない．

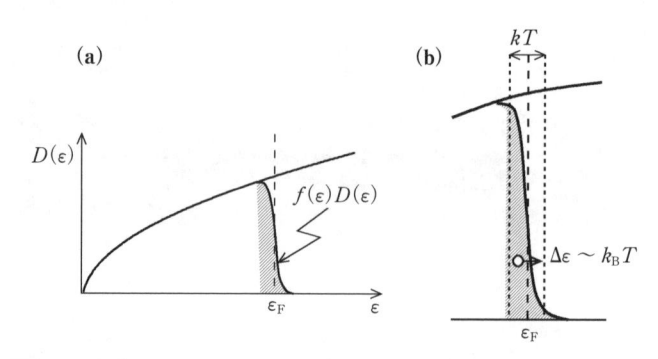

図 4-1 温度 T でのフェルミ分布と，フェルミ準位近傍の熱励起.

図 4-1 に示すように，熱エネルギー $k_B T$ によって励起（高エネルギー状態に移る）されるのは，フェルミ準位近傍の $\Delta\varepsilon \sim k_B T$ の範囲にある電子のみである．これらの電子が平均 $\Delta\varepsilon(=k_B T)$ 励起されるとすると，内部エネルギーの増加は，

$$\Delta U = (励起される電子の数) \times (励起エネルギー)$$

$$\sim D(\varepsilon_F) k_B T \times k_B T = D(\varepsilon_F)(k_B T)^2 \tag{4-1}$$

となり，したがって，比熱は

$$C_{el} = \frac{d(\Delta U)}{dT} \approx 2 D(\varepsilon_F) k_B^2 T \tag{4-2}$$

と，状態密度と温度に比例する．

4.1.2 正確な値：フェルミ-ディラック統計による計算

正確な値を求めるにはフェルミ-ディラック統計によらねばならない．比熱は内部エネルギーの増加分を温度で微分することにより求められるので

$$C_{el} = \frac{d(\Delta U)}{dT} = \int_0^\infty (\varepsilon - \varepsilon_F) D(\varepsilon) \frac{df(\varepsilon)}{dT} d\varepsilon \tag{4-3}$$

を計算することにより求まるが，$df(\varepsilon)/dT$ は，ε_F で急峻に変化する関数であり，かなり面倒な計算なので結果のみを記すと

$$C_{el} = \frac{\pi^2}{3} D(\varepsilon_F) k_B^2 T \tag{4-4}$$

となる（参考書[1] p.118 参照）．これを先に求めた (4-2) 式と比較すると，係数が

わずかに違っているだけにすぎない．

自由電子気体の場合，状態密度は

$$D(\varepsilon_F) = \frac{V}{2\pi^2}\left(\frac{2m}{\hbar^2}\right)^{3/2}\varepsilon_F^{1/2} = 3m\frac{N}{\hbar^2}\left(\frac{V}{3\pi^2 N}\right)^{2/3} = \frac{3N}{2\varepsilon_F} \tag{4-5}$$

で与えられるので，比熱は

$$C_{el} = \frac{\pi^2}{3}\frac{3N}{2\varepsilon_F}k_B^2 T = \frac{\pi^2}{2}Nk_B\frac{T}{T_F} = m\frac{N}{\hbar^2}\left(\frac{\pi}{3n}\right)^{2/3}k_B^2 T \tag{4-6}$$

と求まる．$n=N/V$ は電子密度である．

理想気体の比熱は，$(3/2)R=(3/2)Nk_B$（R：気体定数，N：アボガドロ数）であるが，(4-6)式の3番目の式は $C_{el}\sim 5R(T/T_F)$ となり，大雑把には全電子の T/T_F が比熱に寄与することがわかる．また，4番目の式は，モル当たりの比熱は電子密度のみで決まることを示している．

4.1.3　金属の低温比熱

金属の低温における比熱は，ここで求めた電子比熱と格子比熱の和である．低温での格子比熱は，デバイの3乗則で与えられるので，全比熱は

$$C = \underset{(電子)}{\gamma T} + \underset{(格子)}{\beta T^3} \tag{4-7}$$

と書ける．ここで，γ は電子比熱係数といい，$\gamma=(\pi^2/3)D(\varepsilon_F)k_B^2$ で与えられる．また，β はデバイの比熱の理論より，$\beta=(12/5)\pi^4 Nk_B\Theta_D^{-3}$ とデバイ温度によって決まる定数である．(4-7)式の両辺を T で割ると

$$\frac{C}{T} = \gamma + \beta T^2 \tag{4-8}$$

と書け，横軸を T^2，縦軸を C/T に取りプロットすると直線になり，y 切片の値

表 4-1　代表的な金属の電子比熱係数 γ（単位 mJ mol^{-1} K^{-2}）．遷移金属の γ 値が大きいことに注意（参考書[6] p.156）．

Na	Al	Cu	Ag	Pb
1.38	1.35	0.695	0.646	2.98
Fe	Co	Ni	Pd	Pt
4.98	4.73	7.02	9.42	6.8

から γ, したがって $D(\varepsilon_F)$, 勾配より β, したがってデバイ温度 Θ_D が求まる. 表4-1に, いくつかの金属の γ 値を示しておく.

4.1.4 有効質量

式(4-6)の最後の表式より, 自由電子の電子比熱係数は電子密度により決まる. しかし, 実際の金属の γ 値は一般にこの値とは一致しない. この式で, γ 値が電子の質量にも比例することに着目し, その違いをあたかも電子の質量が変化すると解釈し, 同じ電子密度の自由電子に対する値 $\gamma = m(N/\hbar^2)(\pi/3n)^{2/3}k_B^2$ との比

$$\frac{m_{th}^*}{m} = \frac{\gamma(測定値)}{\gamma(自由電子の値)} \tag{4-9}$$

で定義される質量 m_{th}^* を(熱的)有効質量とよぶことがある. 自由電子の値からずれる原因としては(ⅰ)結晶ポテンシャルの影響, (ⅱ)フォノンとの相互作用, (ⅲ)電子間相互作用, などが考えられる. 最近, Ce などの希土類金属や U 族元素を含む金属間化合物で, m_{th}^* が 100～1000 倍にも増大する物質が多く見つかっており, **重い電子**(heavy fermion)系物質として関心を集めている(参考書[8] p. 400).

4.2 金属の凝集エネルギー(ウィグナー-ザイツの方法)

原子がなぜ結晶をつくるか? この問いに対して, たとえば NaCl のようなイオン結晶についてはイメージしやすい. ＋イオンの Na^+ と －イオンの Cl^- がクーロン力で引き合い結合するわけである. そのときの結合エネルギーもいわゆるマーデルング定数を用いることによりかなり正確に見積もることができる. それに対し, 金属結合はどうなのだろうか? ここでは, ウィグナー-ザイツ(Wigner-Seitz)による金属ナトリウムの結合エネルギーの計算法を紹介する.

4.2.1 境界条件と波動関数

波動関数は当然ブロッホ関数 $\psi(r) = u_k(r)\exp(i\mathbf{k}\cdot\mathbf{r})$ でなければならないが, これを求めるに当たって以下に示す特殊な境界条件を設け, 初めに $k=0$ の解, つまり, 周期関数 $u_0(r)$ を求める.

4.2 金属の凝集エネルギー（ウィグナー-ザイツの方法）

結晶の全空間は各原子とその最近接原子（bcc の場合はさらに第2近接原子まで）とを結ぶ垂直2等分面でつくられる多面体で満たすことができる．この多面体を**ウィグナー-ザイツ・セル**（Wigner-Seitz cell 以下，W.S.C. と略）とよぶ．これは，**基本単位胞**（primitive cell）の一種である．その形は，第1ブリルアン・ゾーンと同じである（ただし，bcc の W.S.C. は fcc の，fcc の W.S.C. は bcc の 1st. B.Z. と同形）．

$k=0$ のブロッホ関数，すなわち $u_k(r)$ は結晶と同じ周期性をもつ．したがって，W.S.C. の面上では，面に垂直な方向への微分成分は $(du_0/dr)_{\text{W.S.C.}}=0$ でなければならない．これは**図 4-2** に示すように1次元の場合（原子を結ぶ面の断面）を考えれば理解しやすい．

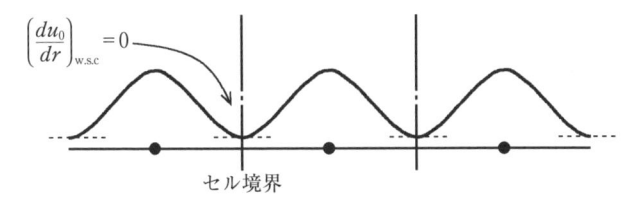

図 4-2　ウィグナー-ザイツ・セルの境界条件概念図．

さらに，この条件を単純化するため，W.S.C. をそれと同じ体積をもつ球に置き換え，その表面で

$$\left(\frac{du_0}{dr}\right)_{r=r_0}=0 \tag{4-10}$$

となることを境界条件とする．ここで，r_0 はその球の半径である．なお，この球は1格子点が占有する空間の体積に等しい．したがって，

bcc では，$\dfrac{4}{3}\pi r_0^3=\dfrac{1}{2}a^3$ より，$r_0=0.49\,a$

fcc では，$\dfrac{4}{3}\pi r_0^3=\dfrac{1}{4}a^3$ より，$r_0=0.39\,a$

となる．

4.2.2 シュレーディンガー方程式

Na の価電子は $3s^1$ なので，波動関数 $u_0(\boldsymbol{r})$ は球対称性をもつ．したがって，極座標系のシュレーディンガーの波動方程式の動径成分

$$-\frac{\hbar^2}{2mr^2}\frac{d}{dr}\left(r^2\frac{d\phi(r)}{dr}\right)+V(r)\phi(r)=E\phi(r) \tag{4-11}$$

を，(4-10)の境界条件下で解けばよい．

その結果を図 4-3 に示す．自由原子の動径関数(境界条件：$r\to\infty$ で $\phi(r)=0$)に比べ，波動関数の変化はなめらか($d^2\phi/dr^2$ が小さい)である．このときのエネルギー ε_0 は $-8.2\,\mathrm{eV}$ となり，原子状 Na の値 $\varepsilon_{3s}(-5.15\,\mathrm{eV})$ に比べかなり低くなる．

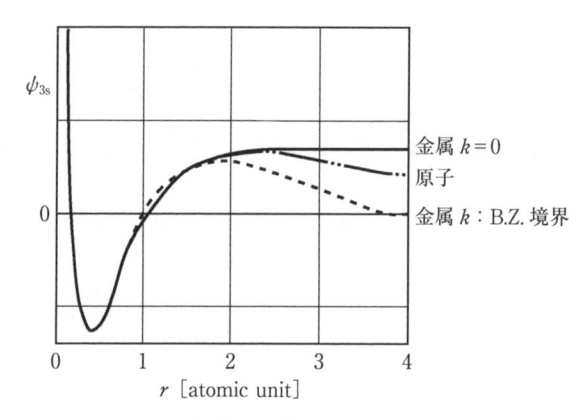

図 4-3 ナトリウム原子の 3s 軌道の動径波動関数 $R_{3s}(r)$(2 点鎖線)とナトリウム金属の 3s 伝導バンドの動径波動関数(ブロッホ関数の $u_0(\boldsymbol{r})$ に相当)．実線はバンドの底 $k=0$ に対するもの，点線はブリルアン・ゾーン境界の k に対するもの(参考書[6] p.253)．

4.2.3 $k\neq 0$ のブロッホ関数のエネルギー

$k\neq 0$ の状態のエネルギーは自由電子のエネルギーで近似する．すなわち，$\varepsilon_k=\varepsilon_0+(\hbar^2/2m)k^2$ とする．第 2 項の運動エネルギーの平均値は (1-32) 式で求めたように，$(3/5)\varepsilon_F^0$ で与えられる．ここで ε_F^0 はバンドの底から計った自由電子のフェルミ・エネルギーであり

$$\varepsilon_F^0 = \frac{\hbar^2}{2m}\left(3\pi^2 \frac{N}{V}\right)^{2/3} \tag{4-12}$$

より求められる．Na は 1 価の bcc 金属なので，格子定数 a が与えられれば $N/V = 2/a^3$ より，$\varepsilon_F^0 = 3.1$ eV と求まり，運動エネルギーの平均値 $\langle \varepsilon_k \rangle = 1.86$ eV が求まる．

4.2.4 凝集エネルギー

凝集エネルギーを見積もる手順は，図 4-4 に示すように，すでに求めた伝導電子バンドの底のエネルギー $\varepsilon_0 = -8.2$ eV に，自由電子近似で求めた伝導電子の平均運動エネルギー $\langle \varepsilon_k \rangle$ を加えた値（-6.34 eV）と，自由原子 Na の 3s 軌道のエネルギー $\varepsilon_{3s} = -5.15$ eV との差を取ればよい．すなわち，凝集エネルギー＝[自由原子 3s 電子のエネルギー]$-[\varepsilon_0 + \langle \varepsilon_k \rangle] = -5.15 - (-6.34) = 1.19$ eV と求まる．これを，エネルギー準位図で描くと，図 4-4 のようになる．

これを見ると，境界条件を変えたことによる，3s 電子のエネルギーレベル（-8.2 eV）の低下が凝集エネルギーの主因といえる．なぜ低下するかであるが，（1）波動関数 $u_0(\boldsymbol{r})$ の曲率半径の減少により運動エネルギーが減少する，（2）電子密度の変化によりポテンシャルエネルギーが低下する，ということが考えられるが，両者がどの程度の割合で寄与するかは定かでない．

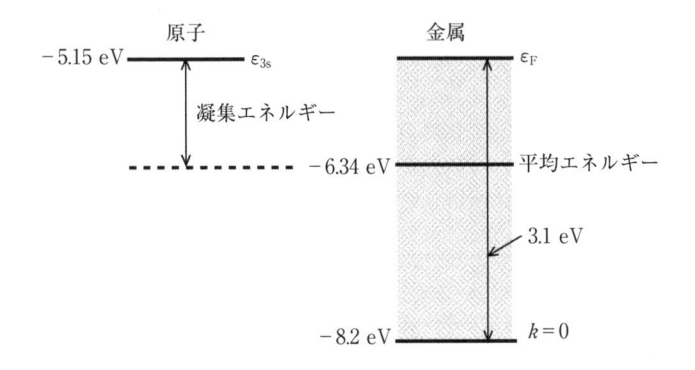

図 4-4 ナトリウム原子および金属中での 3s 電子のエネルギー準位．

4.3 バンド構造と金属・合金の性質

以下に元素の周期表に従って，金属の諸性質と電子構造との関連を各論的に記述する．

4.3.1 アルカリ金属

電子配置：希ガス＋ns^1
Li($2s^1$), Na($3s^1$), K($4s^1$), Rb($5s^1$), Cs($6s^1$)

結晶構造：単体ではすべて bcc

1原子当たり1個の伝導電子をもつので，フェルミ面は 1st. B.Z. の十分内側にありバンドギャップの影響をあまり受けない．したがって，ほとんど自由電子に近い．有効質量として下記の値が報告されている (参考書[6] p. 156)．

	Na	K	Rb	Cs
$m_{\rm th}^*/m$	1.26	1.25	1.26	1.43

4.3.2 2価金属

Be($1s^2 2s^2$, hcp), Ca($\cdots 3p^6 4s^2$, fcc), Zn($\cdots 3d^{10} 4s^2$, hcp),
Sr($\cdots 4p^6 5s^2$, fcc), Cd($\cdots 4d^{10} 5s^2$, hcp), Ba($\cdots 6s^2$, bcc),
Hg($\cdots 5d^{10} 6s^2$, complex structure)

価電子が2個なので，エネルギーギャップが大きくバンドの重なりがなければ (図 3-6(c) のような状態)，絶縁体になるはずである．しかし，実際にはバンドの重なりにより高い電気伝導性を示す．

4.3.3 3価金属

Al($3s^2 3p^1$, fcc)

価電子数が3なので，1st. B.Z. は満たされ，2nd., 3rd. B.Z. にフェルミ面がある．そのため，フェルミ面は極めて複雑な形をしている．しかし，エネルギー

ギャップが小さいので状態密度は自由電子のそれに近く(図 3-13 参照),電気伝導率は高い.単位質量当たりの電気伝導率は最大で,軽量で高伝導率が求められる高圧送電線に使われている.

4.3.4 貴 金 属

電子配置:$nd^{10}(n+1)s^1$

Cu($3d^{10}4s^1$), Ag($4d^{10}5s^1$), Au($5d^{10}6s^1$)

結晶構造はすべて fcc

内殻の d 軌道も比較的軌道半径が大きく隣接原子の d 軌道と重なりが大きく,エネルギーバンドを形成する.しかし,このバンドは 10 個の電子で満たされており電気伝導には寄与しない(図 3-17 参照).伝導に寄与するのは外殻の 4s 電子であり,1 価金属と似ており自由電子に近く,有効質量も 1 に近い(参考書[6] p. 156).

	Cu	Ag	Au
m_{th}^*/m	1.38	1.00	1.14

しかし,d バンドの影響により,以下の特徴を示す.

(1) 凝集力が大きい(アルカリ金属に比べ融点,沸点が高い)

	Na	K	Cu	Ag	Au
融点(℃)	97.8	63.6	1085	962	1064

(2) 特異な色を示す

金属に光を当てると,フェルミ準位以下にある電子をフェルミ準位より高いエネルギー準位へ励起し光が吸収される(光子のエネルギーが大きいと光電子放射を誘起する).

一方,d バンドは幅が狭く状態密度が大きい(図 3-17 参照).したがって,光

量子のエネルギー $h\nu$ がフェルミ準位から d バンドの上端までの差以上になると，**図 4-5** に示すように多くの電子を励起しやすくなる．いいかえれば，ある臨界波長 λ_c より短い波長の光を強く吸収する．銅，銀，金の臨界波長はそれぞれ，Cu：590 nm，Ag：320 nm，Au：520 nm である．Cu，Au の λ_c は可視域(400 nm～700 nm)にあるので独特の色を示す．**図 4-6** に銅の光反射率のエネルギー依存性を示すが，確かに 2 eV 付近から反射率が急激に減少していることがわかる．

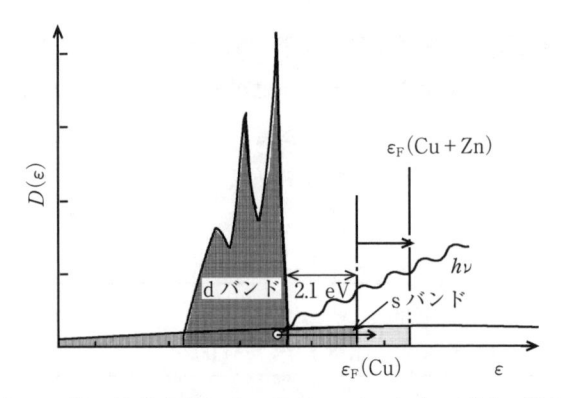

図 4-5 銅の状態密度と光による 3d バンド内の電子の励起．

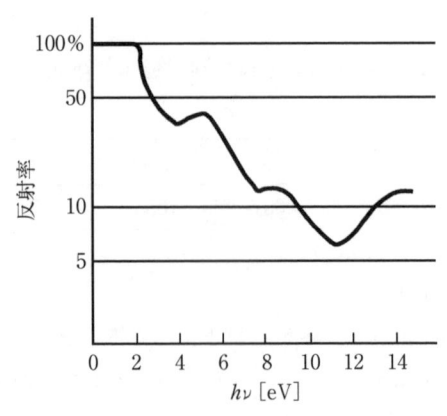

図 4-6 銅の光反射率の光子エネルギー依存性[2]．

● **Cu-Zn 合金(しんちゅう)の色**

Zn は価電子数 2. したがって，Cu に Zn を混ぜると平均価電子数が増え，フェルミ準位が上昇し，図 4-5 に示すようにフェルミ準位と d バンドの上端の差，$\varepsilon_F - \varepsilon_d^{top}$ が増加する．その結果，λ_c が減少し金色に近づく．

● **リジッドバンドモデル(Rigid Band Model)**

価電子数の異なる合金の電子構造を考えるとき，(ⅰ)バンド構造(状態密度曲線)は変化せず，(ⅱ)それを満たす電子数が平均電子数として変化する，(ⅲ)それに伴いフェルミ準位が変化する，として多くの現象が理解できる．このような考え方をリジッドバンドモデルとよぶ．

4.3.5 遷移金属

電子配置：$nd^m(n+1)s^2$

金属状態では d 軌道はエネルギーバンドを形成するが，d 波動関数は隣接原子間の重なりが比較的少なく，バンド幅が狭い．すなわち，d バンドの状態密度が大きい．また，d バンドには 10 個の電子を収容できるが，価電子数はそれに満たない．このとき，s バンドにも電子が入るので，たとえば Ni の場合 3d バンドに 9.4 個，4s バンドに 0.6 個の電子が入る．したがって，フェルミ準位は d バンドの中にある．そのため，多くの特徴を示す．

(**1**) フェルミ準位での状態密度，したがって電子比熱係数 $\gamma = \frac{1}{3}\pi^2 D(\varepsilon_F) k_B^2$ が大きい(参考書[6] p.156)

	V	Cr	Mn	Fe	Co	Ni	Cu
γ(mJ/mol K^2)	9.26	1.40	9.20	4.98	4.73	7.02	0.695

(**2**) 凝集エネルギーが大きい(融点が高い)

表 4-2 に示すように，遷移金属は一般に融点が高い．また 3d 金属を除き価電子数が 6 のときが最大となる．これは，以下のように説明できる．**図 4-7** に示す

表 4-2 遷移金属の融点（℃）.

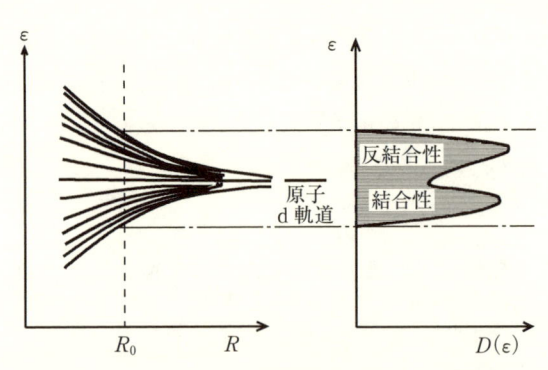

価電子数 ($m+2$)	3	4	5	6
3d (融点℃)	Sc (1539)	Ti (1666)	V (1917)	Cr (1857)
4d (融点)	Y (1520)	Zr (1852)	Nb (2477)	Mo (2623)
5d (融点)	La (920)	Hf (2231)	Ta (2985)	W (3407)

価電子数 ($m+2$)	7	8	9	10
3d (融点℃)	Mn (1246)	Fe (1536)	Co (1495)	Ni (1455)
4d (融点)	Tc	Ru (2250)	Rh (1960)	Pd (1552)
5d (融点)	Re (3180)	Os (3045)	Ir (2443)	Pt (1769)

図 4-7 結合性および反結合性 d バンドの形成.

ように，d バンドの形成を多原子分子アプローチで考えると，バンドの下半分は原子間距離が縮むとエネルギーが低下し，上半分では上昇する．そのため，バンドの下部に電子が入った場合，結合に寄与し（結合性バンド），上部ではむしろ反発力をまねく（反結合性バンド）．したがって，結合性の軌道に入る電子数が増加するほど結合エネルギーが増加し，d バンドのほぼ半分が電子で占められたとき

結合エネルギーが最大となり，さらに電子数が増えると反結合性バンドに入るので逆に結合エネルギーが減少する．3d 金属が例外なのは，その磁気的性質に起因しているが少々難しい問題である．

（**3**）　電気抵抗が大きい

室温の抵抗率(単位 10^{-9} Ωm)　Ti：431，Fe：98，Ni：70，Cu：17

（**4**）　特異な磁性を示す

強磁性(キュリー温度 K)　Fe(1044)，Co(1390)，Ni(631)(原因は第 7 章 7.5 節参照)

Cr，Mn：反強磁性

（**5**）　超伝導となる物質が多い(超伝導転移温度 K)

Ti(0.39)，V(5.3)，Zr(0.546)，Nb(9.23)，Mo(0.92)，Tc(7.92)，Ru(0.49)，Hf(0.165)，Ta(4.39)，W(0.012)，Re(1.7)，Os(0.66)，Ir(0.14)(原因は第 8 章参照)

4.4　合金の構造に対するヒュームロザリーの法則

図 4-8 に Cu-Zn 合金の状態図を示す．Cu に Zn を加えると次々と異なった結晶構造が出現する．Al や Ga を混ぜた合金についても同じような状態図が描けるが，このとき各相の相境界濃度が平均価電子数によって決まることがヒュームロザリー(Hume-Rothery)によって指摘された．これをヒュームロザリーの法則とよび，ジョーンズ(Jones)はリジッドバンド近似に基づく電子論的説明を与えた．

4.4.1　ヒュームロザリー則

$A_{1-x}B_x$ 2 元合金の平均電子濃度(1 原子当たりの電子数)は，A 原子，B 原子の価電子数を各々 n_A，n_B とすると，$n=(1-x)n_A+x\,n_B$ で与えられる．ヒュームロザリーは，$n_{Cu}=1$，$n_{Au}=1$，$n_{Ag}=1$，$n_{Zn}=2$，$n_{Al}=3$，$n_{Ga}=3$，$n_{Sn}=4$，……として計算すると，これらの合金系において，β 相(bcc)，γ 相(複雑な結晶構造)，ε 相(hcp)が出現する臨界電子濃度は，$n_\beta=1.5$，$n_\gamma=1.62$，$n_\varepsilon=1.75$ で与えられる

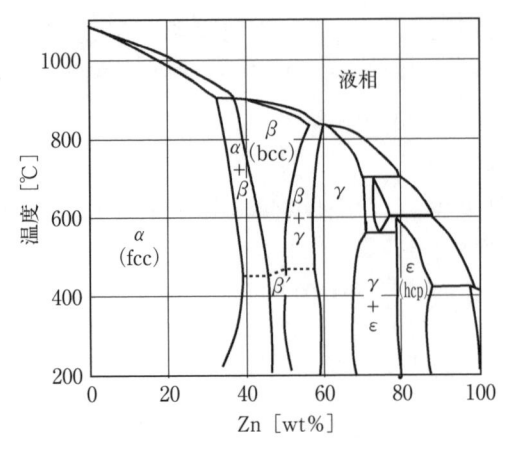

図 4-8 Cu-Zn 合金の状態図. α 相は fcc, β 相は bcc, β' 相は CsCl 型規則合金. γ 相は複雑な構造. ε 相は hcp 相だが, 同じ hcp 相の純 Zn とは a/c 比が異なる (参考書[7] p.670).

表 4-3 銅および銀 2 元合金の相境界の電子濃度 (参考書[7] p.671).

合金	fcc 相境界（最小値）	bcc 相境界（最小値）	γ 相境界	hcp 相境界
Cu-Zn	1.38	1.48	1.58-1.66	1.78-1.87
Cu-Al	1.41	1.48	1.63-1.77	
Cu-Ga	1.41			
Cu-Si	1.42	1.49		
Cu-Ge	1.36			
Cu-Sn	1.27	1.49	1.60-1.63	1.73-1.75
Ag-Zn	1.38		1.58-1.63	1.67-1.90
Ag-Cd	1.42	1.50	1.59-1.63	1.65-1.82
Ag-Al	1.41			1.55-1.80

ことを経験則として示した. 表 4-3 に, これらの合金系の相境界の電子濃度を示す. 相境界の平均電子濃度は合金系にかかわらずかなりよい一致を示すことがわかる.

4.4.2 ジョーンズによる説明

Cu-M 系の 2 元合金について提唱されたヒュームロザリー則に対し, ジョーン

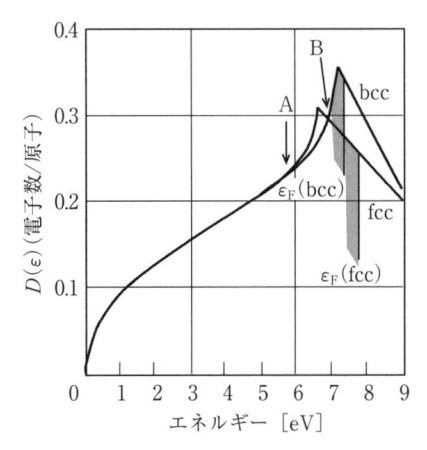

図 4-9 fcc および bcc 金属の 1st. B.Z. の状態密度．両相の電子密度が等しい格子定数に対するもの．

ズは電子論的説明を加えた．前章 3.2.2 節で，ブリルアン・ゾーンが状態密度に及ぼす影響として，等エネルギー面が B.Z. 境界に接するところでピークを生じることを示したが（図 3-6(b) 参照），ここで改めて，fcc および bcc Cu 合金について予想される状態密度曲線を**図 4-9** に示す．

自由電子近似では状態密度は電子密度で決まるので，fcc 相と bcc 相の原子容が同じであれば B.Z. 境界の影響を受けない低エネルギー側の状態密度は等しい．実際，Cu-Zn 合金の場合，合金の密度はほぼ両者の平均で決まっており，相が変わっても原子容，したがって電子濃度はほとんど変化しない．この場合，電子系の全運動エネルギー（(1-32) 式で与えられる）は等しく，純 Cu が fcc 相なのは，他の要素（d バンドの影響，あるいはポテンシャルエネルギーの差などが考えられる）で決まっている．ただし，その差はわずかである．Cu に Zn を加え電子密度を増やしていくとフェルミ準位が高くなり，運動エネルギーは増加する．フェルミ準位が B.Z. 境界に近づくと，状態密度に差が生じ，状態密度が大きい方に電子が詰まった場合の方がフェルミ準位の増加，したがって全運動エネルギーの増加が抑えられる．ところで，前章で学んだように（表 3-1 参照），1st. B.Z. 境界に内接する球に収容できる電子数は $n_{bcc}=1.481$ 個/原子，$n_{fcc}=1.360$ と fcc の方が少ない．したがって，はじめに B.Z. 境界の影響を受けるのは fcc 相で，

図4-9のA点からfccの状態密度がbcc相に比べ高くなり，B.Z.境界に接すると逆に状態密度は急激に減少する．一方，bcc相では，B.Z.境界に接する電子濃度はより大きく，状態密度のピークはより高エネルギー側に生じる．したがって，図のB点で状態密度曲線が交差し，さらに電子濃度を増すと，同一電子濃度のフェルミ準位がbcc相の方が低くなり，bcc相に変態した方が全エネルギーが低下する．これが，ジョーンズによる，ヒュームロザリー則の説明である．実際，fcc相からbcc相へ移行する電子濃度は1.4個/原子に近く，ちょうど状態密度曲線が交差する濃度と一致している．さらに電子濃度が増加するとγ相に遷移するが，γ相は1st. B.Z.の内接球の電子収容数が$n_\gamma = 1.54$とbcc相のそれより大きい複雑な結晶構造をもつ相であり，そのためより高電子濃度側ではγ相が安定相となる．このようにして形成される結晶を電子化合物とよぶことがある．

ただし，ヒュームロザリー則が成り立ち，その結晶構造の変化がリジッドバンドモデルによりうまく説明できるのはむしろ例外的で，遷移金属を含む合金などでは簡単でない．最近ではバンド計算により各結晶系での全エネルギーを計算することも可能になっており，結晶構造の安定性を論じるには本格的なバンド計算を実行するのが正道であろう．

演習問題 4-1 金の伝導電子(1原子当たり1個)を自由電子と見なし，(1)フェルミ・エネルギー(単位eV), (2)フェルミ速度, (3)mol当たり電子比熱係数γを求めよ．金の格子定数は0.408 nmとする．

5

金属の伝導現象

　本章では,金属の電気伝導について,(ⅰ)電子を電荷を帯びた理想気体として扱うモデル(ドルーデ・モデル)によりオームの法則を導き,(ⅱ)電気抵抗の原因を量子力学的手法により論じる.このほか,ホール効果,ヴィーデマン-フランツの法則などを紹介する.

5.1　伝導現象の基礎

5.1.1　古典ガスモデルで説明できること —オームの法則—

　金属中の電子を $-e$ の電荷を帯びた質量 m の粒子と見なすと,電圧をかけることによって生じる電場 E_x により,$-eE_x$ の力を受ける.当然,ニュートンの運動方程式に従い加速されるが,平均 τ 秒で障害物に衝突し,加速された速度が失われるとすると,粒子全体の平均速度は

$$\langle v \rangle = -\frac{eE_x}{m}\tau \tag{5-1}$$

で与えられる.

　一方,単位体積当たり n 個の電子があるとすれば,それによって運ばれる電荷=電流密度 j は

$$j = n(-e)\langle v \rangle = \frac{ne^2\tau E_x}{m} \tag{5-2}$$

で与えられ,長さ L,断面積 S の試料を考えると,電流 $J = jS$,両端の電圧 $V = LE_x$ なので

$$j = \frac{J}{S} = \frac{ne^2\tau}{m}\frac{V}{L} \Rightarrow J = \frac{S}{L}\frac{ne^2\tau}{m}V = \frac{V}{R} \tag{5-3}$$

と書ける．これはオームの法則に他ならない．したがって，抵抗 R，**抵抗率** ρ は

$$R = \frac{L}{S}\frac{m}{ne^2\tau}, \quad \rho = \frac{m}{ne^2\tau} \tag{5-4}$$

で与えられる．金属の場合，電子密度 n は価電子数によってほぼ決まり，物質によってそれほど大きく変わらないので，抵抗率は平均衝突時間 τ（緩和時間ともいう）によって決まる．なお，次章で論じる半導体の場合は，電気を運ぶ粒子は電子だけでなく，正孔も含み，キャリアと総称するが，この場合抵抗率を決めるのはキャリア密度 n の変化が支配的で，また習慣的に抵抗率の代わりにその逆数の**伝導率** σ を使用する．したがって

$$\sigma = \frac{1}{\rho} = n\,e\frac{e\tau}{m} = n\,e\mu, \quad \mu = \frac{e\tau}{m}（移動度） \tag{5-5}$$

と，キャリア密度，素電荷，**移動度**（μ）の積で表すことが多い．

●**代表的な金属・合金の 20℃ での抵抗率**

（単位：$n\Omega\,m = 10^{-9}\,\Omega\,m$）

貴 金 属　Cu：17.0，Ag：16.1，Au：22.0
遷移金属　Fe：98，Co：58，Ni：70，Pt：104，Nb：145
そ の 他　Al：27.4，Zn：59.2，Na：47.5
合　　金　ニクロム(Ni-Cr)：〜1000，マンガニン(Cu-Mn-Ni)：450

●**抵抗の加算則**

散乱の原因が複数ある場合，単位時間当たりの衝突回数 $1/\tau$ はそれぞれの和となる．すなわち

$$\frac{1}{\tau} = \frac{1}{\tau_1} + \frac{1}{\tau_2} + \cdots \tag{5-6}$$

なので，それぞれの原因による抵抗率を $\rho_1, \rho_2, \cdots$ とすると，全抵抗率 ρ は，$\rho = \rho_1 + \rho_2 + \cdots$ と各寄与の和となる．

5.1.2　平均自由行程

このように，古典ガスモデルによりオームの法則が導出でき，抵抗率は緩和時

間 τ によって決まる．もし，電子の速度 v がわかっていれば，障害物に衝突せずに飛翔する距離，すなわち平均自由行程 l は

$$l = v\tau \tag{5-7}$$

で求まる．平均自由行程は実験で推定可能であるが，通常，原子間距離よりずっと大きな値を示す．また，平均電子速度は理想気体に対するマクスウェル分布によって決まる速度よりずっと大きな値をとる．これらの事実は，伝導に携わる電子は結晶の原子には衝突せず，電子を古典的な粒子と考えることの限界を示しており，衝突の原因を含め，量子力学によらなければならないことを意味している．

5.1.3 自由電子ガスモデル

フェルミ分布を考慮した自由電子ガスモデルでは，電子の状態はその波数 k により決まり，その速度は $v = p/m = \hbar k/m$ で与えられる．電流を運んでいる電子の状態は k 空間において，図 5-1 に示すように，フェルミ球が $\Delta k = \Delta p/\hbar = m\Delta v/\hbar$ シフトした状態として表せる．

したがって，(a)，(b) のフェルミ球が重なる部分は電流が流れることによって変化しないことがわかる．電子の散乱は k 空間では，波数が $\boldsymbol{k} \to \boldsymbol{k}'$ に変化す

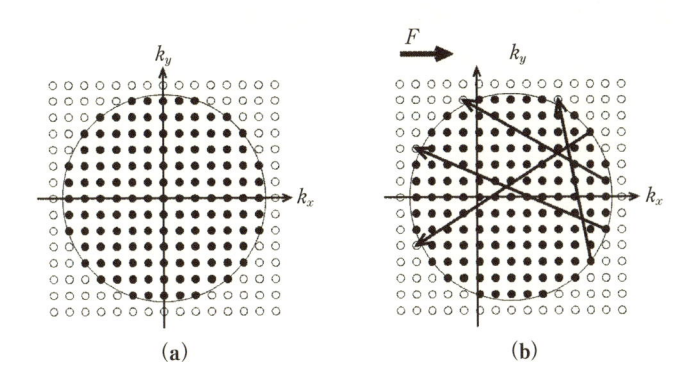

図 5-1 (a) 電場をかける前のフェルミ球内の電子の占有状況．電子の運動量 ($\hbar k$) の総和は 0 である．(b) 時間 τ の間作用する一定の力 $F = -eE_x$ (右方向にかかる) によって，すべての状態の電子の k ベクトルが $\Delta k_x = F\tau/\hbar$ だけ増加する．これはフェルミ球全体が Δk 移動したことと同等である．

ることを意味し，また，後に示す理由により弾性散乱(エネルギーが変化しない散乱)がほとんどなので散乱される電子は，図 5-1(b)の矢印で示されるように，フェルミ面近傍の電子のみと考えてよく，その速度の絶対値はフェルミ速度 $|v_F|=\hbar k_F/m$ である．したがって，平均距離(平均自由行程)は $l=v_F\tau$ となる．

● Cu の平均自由行程

具体的に Cu について平均自由行程を見積もってみよう．室温では抵抗率実測値より，$\rho=1.7\times10^{-8}\,\Omega\,\mathrm{m}$，Cu を 1 価の自由電子系と見なすと，電子密度 $n=8.50\times10^{28}/\mathrm{m}^3$，$m=9.11\times10^{-31}\,\mathrm{kg}$，$e=-1.6021\times10^{-19}\,\mathrm{C}$ を (5-4) 式に代入すると，$\tau=2.5\times10^{-14}\,\mathrm{sec}$ が得られる．また，n よりフェルミ・エネルギー ε_F，したがってフェルミ速度 $v_F=1.57\times10^6\,\mathrm{m/sec}$ が求まり，$l=v_F\tau\approx4\times10^{-8}\,\mathrm{m}=40\,\mathrm{nm}$ が得られる．この値は原子間距離約 0.3 nm よりはるかに大きく，低温ではさらに大きくなる．このことは，試料のサイズを小さくしていくと表面による散乱により抵抗率の値が大きくなるサイズ効果の存在でも確かめられる．

5.2 抵抗率を決める要因

5.2.1 周期ポテンシャルの影響と有効質量

前節において，電子の速度を $v=p/m=\hbar k/m$ と見なしたがこれは正確でない．そもそも，速度という概念は電子の粒子像に基づいており，自由電子の場合，電子密度は空間中に一様に分布しているわけであるから粒子的イメージは成り立たない．粒子像と結びつけるには，1.3.3 節で説明したように波束の運動としてとらえるべきである．この場合，電子の運動エネルギーと角振動数との間に $\varepsilon_k=\hbar\omega$ の対応関係が成り立つので，粒子速度は群速度

$$v_g=\frac{d\omega}{dk}=\frac{1}{\hbar}\frac{d\varepsilon_k}{dk} \tag{5-8}$$

で与えられる．自由電子の場合，$\varepsilon_k=(\hbar^2/2m)k^2$ なので，容易に $v_g=\hbar k/m$ が得られ，先に求めた値に一致するが，周期ポテンシャル中の電子の群速度はその分散曲線 $\varepsilon(k)$ に基づき，より一般的に求めなければならない．以下，電場 E_x 中に

置かれた波束の運動を考察する．

そのため，中心波数 k，速度 v_g の電子が dt 時間に，電場 E_x によりなされる仕事(電子のエネルギー変化)を求めると

$$d\varepsilon \equiv \frac{d\varepsilon}{dk}dk = F\,dx = -eE_x v_\mathrm{g}\,dt = -\left(\frac{eE_x}{\hbar}\right)\frac{d\varepsilon}{dk}dt \tag{5-9}$$

と書け，両辺から $d\varepsilon/dk$ を消去すると

$$\frac{dk}{dt} = -\frac{eE_x}{\hbar} \tag{5-10}$$

が得られる．すなわち，単位時間にその波数は $|eE_x|/\hbar$ 変化する．

一方，加速度 dv_g/dt は，(5-10)式より

$$\frac{dv_\mathrm{g}}{dt} = \frac{1}{\hbar}\frac{d}{dt}\left(\frac{d\varepsilon}{dk}\right) = \frac{1}{\hbar}\frac{d^2\varepsilon}{dk\,dt} = \frac{1}{\hbar}\frac{d^2\varepsilon}{dk^2}\frac{dk}{dt}$$

$$= -\frac{1}{\hbar^2}\frac{d^2\varepsilon}{dk^2}eE_x = -\frac{1}{\hbar^2/(d^2\varepsilon/dk^2)}eE_x \tag{5-11}$$

と書ける．これを，古典論の運動方程式 $dv/dt = -(1/m)eE_x$ と比較すると，金属結晶中の電子は $m^* = \hbar^2/(d^2\varepsilon/dk^2)$ の有効質量をもった粒子と見なせる．したがって，抵抗率を与える式，(5-4)式を

$$\rho = \frac{m^*}{ne^2\tau} \tag{5-12}$$

と書き直せばよい．すなわち，結晶の周期ポテンシャルは有効質量の変化として抵抗率に反映される．しかし，すでに述べたように，分散曲線が周期ポテンシャルの影響を強く受けるのはフェルミ準位がエネルギーギャップの直下にあるときなど，特殊な場合に限られ，特に Na や Cu などの 1 価金属では有効質量は自由電子の値とそれほど変わらず，実際の金属や合金で見られる抵抗率の大きな違いは，次節で論じるように，緩和時間 τ の違いに求めなければならない．

●負の有効質量

1次元モデルについて，自由電子および周期ポテンシャル中の電子の分散関係，群速度，有効質量を**図 5-2** に示す．このように周期ポテンシャル中では電子の見かけの質量が変わる．特に，バンドの上端付近では有効質量が負になる．一見奇妙な現象だが，後に半導体におけるホールの運動を考える場合重要な意味を持つ．

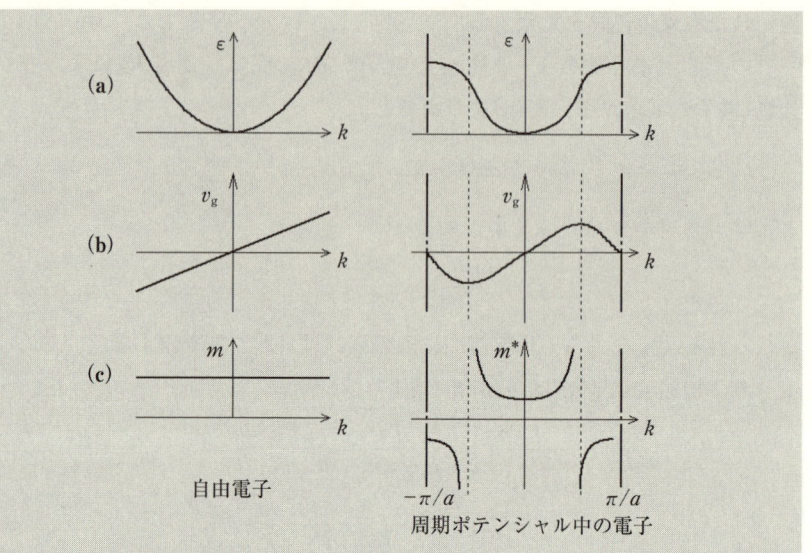

図5-2 自由電子(左)と周期ポテンシャル中の電子(右)の(a)エネルギー分散曲線，(b)群速度，(c)有効質量．

5.3 電子の散乱

電子を古典的な荷電粒子と見なすドルーデのモデルではオームの法則を導くことには成功したが，これだと結晶を構成する原子にも散乱されることになる．しかし，実際にはたとえば銅中の電子の平均自由行程が数十 nm，低温だと数 μm と巨視的な大きさを示し個々の原子には散乱されないことを示している．一方，5.1.3節で示したように電子をフェルミ分布に従う自由電子と見なすと，散乱はフェルミ面近傍の電子の波数が $\boldsymbol{k} \to \boldsymbol{k}'$ と変化することと見なせる．

実際の金属中では，電子は周期ポテンシャルの影響を受け，波動関数はブロッホ関数 $u_k(\boldsymbol{r})\exp(i\boldsymbol{k}\boldsymbol{r})$ で表せる．これは周期ポテンシャルに対する固有状態であり周期性のない外乱がなければ他の状態には遷移しない．つまり，周期ポテンシャルは電子を散乱する要因とはならず，抵抗率を決める式(5-4)において緩和時間 τ には寄与しない．したがって，散乱の原因はポテンシャルの周期性の乱れに求めなければならない．その原因はいろいろ考えられるが，定量的議論をする

ためには，量子力学に基づかねばならない．

5.3.1 散乱の量子力学

金属において抵抗値を決める最大の要因は平均衝突時間(緩和時間)τ，あるいはその逆数の$1/\tau$，すなわち衝突頻度であり，これは量子力学の言葉でいうと，状態(波数)$\boldsymbol{k}$にあった電子が，$\boldsymbol{k}'$に遷移する確率に比例するといってよい．この場合，時間的に変化する現象を扱うわけであるから，これを計算するには時間を含むシュレーディンガー方程式

$$\left\{-\frac{\hbar^2}{2m}\nabla^2+V(\boldsymbol{r},t)\right\}\Psi(\boldsymbol{r},t)=i\hbar\frac{\partial}{\partial t}\Psi(\boldsymbol{r},t) \tag{5-13}$$

を解く必要がある．これまで扱ってきたのはポテンシャル$V(\boldsymbol{r},t)$に時間を含まない場合であり，このときは，

$$\Psi(r,t)=\phi(r)e^{-iEt/\hbar} \tag{5-14}$$

と置くことにより変数分離が可能で，これを(5-13)式に代入すると，時間を含まないシュレーディンガー方程式(1-1)が得られる．また，状態関数についても，物理的に意味のある確率密度は

$$\Psi^*\Psi=\phi^*e^{iEt/\hbar}\phi e^{-iEt/\hbar}=\phi^*\phi$$

と，時間を含まない．しかし，ポテンシャルVが時間的に変動する場合は変数分離で解くことができず，より一般的に解く必要がある．ここでは，時間$t=0$までは，時間に依存しないポテンシャルV_0中で固有状態にあり，$t=0$から散乱の原因となる摂動ポテンシャルV'(V'自身は時間に依存してもしなくてもよい)を与えたとき，すなわち

$$(\mathcal{H}^0+V')\Psi(\boldsymbol{r},t)=i\hbar\frac{\partial}{\partial t}\Psi(\boldsymbol{r},t) \tag{5-15}$$

で与えられる系の状態変化を調べる．以下の取扱法は，2.4.1節で述べた時間を含まない系での摂動法を発展させたものであり参考にしてほしい．

さて今，V_0中での定常解は求められており，その固有関数は$\phi_n^0(\boldsymbol{r})$，固有エネルギーはE_nであるとする．すなわち

$$\mathcal{H}^0\Psi_n^0(\boldsymbol{r},t)=i\hbar\frac{\partial}{\partial t}\Psi_n^0(\boldsymbol{r},t)=E_n\phi_n^0 e^{-iE_nt/\hbar} \tag{5-16}$$

82　5　金属の伝導現象

$t<0$ では，ある固有状態

$$\Psi_n^0(\boldsymbol{r},t)=\phi_n^0(\boldsymbol{r})e^{-iE_nt/\hbar} \tag{5-17}$$

にあったとして，その後摂動ポテンシャル V' を作用させると状態は変化する．t 時間後の状態関数を $\Psi(\boldsymbol{r},t)$ で表すと，$\Psi_n^0(\boldsymbol{r},t)$ は完全直交系(2.4.1 節参照)をつくるので，その1次結合

$$\Psi(\boldsymbol{r},t)=\sum_j a_j(t)\Psi_j^0(\boldsymbol{r},t)=\sum_j a_j(t)\phi_j^0 e^{-iE_jt/\hbar} \tag{5-18}$$

で表せるはずである．したがって，$a_j(t)$ を求めることにより，t 秒後に状態 j に遷移する確率を計算することができる．

(5-18)式を(5-15)式に代入すると

$$\sum_j a_j(t)\mathcal{H}^0\Psi_j^0+\sum_j a_j(t)V'\Psi_j^0=i\hbar\sum_j\frac{\partial a_j(t)}{\partial t}\Psi_j^0+i\hbar\sum_j a_j(t)\frac{\partial \Psi_j^0}{\partial t} \tag{5-19}$$

となり，(5-16)式より左辺第1項と右辺第2項は打ち消し合い

$$i\hbar\sum_j\frac{\partial a_j(t)}{\partial t}\Psi_j^0=\sum_j a_j(t)V'\Psi_j^0 \tag{5-20}$$

が成り立つ．この式の両辺に $\Psi_m^{0*}(\boldsymbol{r})$ を掛けて空間積分すると，Ψ_n^0 は変数 $\boldsymbol{r}$ に関して直交関数なので，左辺は $j=m$ のとき以外0となり

$$\frac{\partial}{\partial t}a_m(t)=\frac{1}{i\hbar}\sum_j a_j(t)\int \Psi_m^{0*}V'\Psi_j^0 d\boldsymbol{r} \tag{5-21}$$

と，係数 $a_m(t)$ の時間変化率が求まる．以下に具体的に，周期ポテンシャル中に不純物のポテンシャル V' を入れたときの時間変化，すなわち散乱確率を求める．

5.3.2　不純物散乱（静的な摂動ポテンシャルによる散乱）

周期ポテンシャル $V_0(\boldsymbol{r})$ 中にある電子の波動関数は $u_k(\boldsymbol{r})\exp(i\boldsymbol{k}\boldsymbol{r})$ で表せるブロッホ関数で与えられるが，これは $V_0(\boldsymbol{r})$ についての固有状態なので時間的に変化しない．すなわち，結晶を形成する原子(イオン)では散乱されず抵抗の原因とはならない．ここで，$t>0$ で不純物ポテンシャル V' を加えたときの状態変化を前節の手法により解析し，波数 $\boldsymbol{k}_0(=n)$ の初期状態にあった電子が t 秒後に終状態 $\boldsymbol{k}'(=m)$ に遷移する確率を求めてみよう．ここで，V' は $t>0$ 以降は一定で時間変化しないと仮定する．

(5-21)式を，(5-17)式により書き換えると

$$\frac{\partial}{\partial t}a_{k'}(t)=\frac{1}{i\hbar}\sum_k a_k(t)\int \phi_{k'}^{0*}e^{i\varepsilon_{k'}t/\hbar}V'\phi_k^0 e^{-i\varepsilon_k t/\hbar}d\boldsymbol{r}=\frac{1}{i\hbar}\sum_k a_k(t)W_{kk'}e^{i(\varepsilon_{k'}-\varepsilon_k)t/\hbar} \quad (5\text{-}22)$$

$$W_{kk'}=\int \phi_{k'}^{0*}V'\phi_k^0 d\boldsymbol{r} \quad (5\text{-}23)$$

となる．$t \leq 0$ では $a_{k_0}=1$, $a_{k \neq k_0}=0$ なので，V' が作用した直後は $a_{k_0} \approx 1$, $a_{k \neq k_0} \ll 1$ と見なしてよく，(5-22)式は

$$\frac{\partial}{\partial t}a_{k'}(t)=\frac{1}{i\hbar}W_{k_0 k'}e^{i(\varepsilon_{k'}-\varepsilon_{k_0})t/\hbar} \quad (5\text{-}24)$$

と簡単化され，t についての積分を実行し

$$a_{k'}(t)=\frac{W_{k_0 k'}}{i\hbar}\int_0^t e^{i(\varepsilon_{k'}-\varepsilon_{k_0})t/\hbar}dt=\frac{W_{k_0 k'}}{i\hbar}\frac{e^{i(\varepsilon_{k'}-\varepsilon_{k_0})t/\hbar}-1}{i(\varepsilon_{k'}-\varepsilon_{k_0})/\hbar} \quad (5\text{-}25)$$

が得られる．

t 秒後に $\boldsymbol{k}'$ に遷移する確率は確率振幅

$$P(\boldsymbol{k}_0 \to \boldsymbol{k}') \propto |a_{k'}(t)|^2 = a_{k'}^*(t)a_{k'}(t) \quad (5\text{-}26)$$

を計算すればよい．ここで，変数 $x=(\varepsilon_{k'}-\varepsilon_{k_0})/\hbar$ を導入し，(5-25)式を変形して正弦関数で表すと

$$P(\boldsymbol{k}_0 \to \boldsymbol{k}') \propto |W_{k_0 k'}|^2 \frac{\sin^2(xt/2)}{x^2} \quad (5\text{-}27)$$

が得られる．

ここで，関数 $\sin^2(u/2)/u^2$ は図 5-3 に示すように，$u=0$ で鋭いピークを示す．すなわち，初期状態 k_0 と終状態 k' のエネルギー差が小さいときのみ散乱される．したがって，フェルミ分布を考慮すると，フェルミ準位近傍の電子のみが

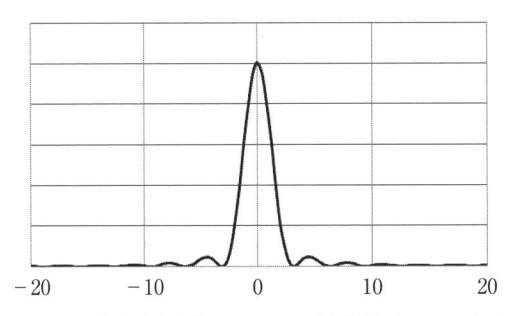

図 5-3 $\sin^2(u/2)/u^2$ のグラフ．最大値は 1.0 である．

散乱に関与すると考えてよい．

ここで再び一般論に戻り（初期状態を n，終状態を m とする），摂動ポテンシャル V' が時間を含む場合，たとえば z 方向に偏極した角振動数 ω の電磁波を加えたときは

$$V'(r, t) = eE_z z \cos \omega t \tag{5-28}$$

として計算すればよく，この場合は $x = (\varepsilon_m - \varepsilon_n - \hbar\omega)/\hbar$ となり，光吸収スペクトルなどでエネルギー保存則を与える項となる．さらに，摂動行列要素 W_{nm} はいわゆる選択則を与えるもので，たとえば原子の吸収スペクトルでは角運動量保存則を反映した項である．

以上をまとめると，状態間遷移確率は一般に (5-27) 式で与えられ，エネルギー保存則をほぼ満足する条件で（エネルギーと時間の不確定性によりエネルギー保存則は厳密に満たされていなくともよい），状態間の行列要素 W_{nm} の，したがって摂動ポテンシャル V' の 2 乗に比例する．ただし，その絶対値を見積もるのはいろいろな要素が絡み難しく，以下の議論でも半定量的な議論にとどめておく．

5.4 電気抵抗各論

5.4.1 不純物散乱とリンデの法則

上の議論からわかるように散乱の原因となるのは電子の感じるポテンシャルの周期性が失われる場合である．したがって，結晶中の不純物や格子欠陥は当然散乱の原因となる．両者とも拡散による濃度変化が起こらない限り温度に依存しない抵抗 ρ_i を与える．また，抵抗の加算性により低濃度域では濃度に比例する抵抗を与える．また，母体金属と原子価数 Z が異なる不純物の場合，抵抗率は $\rho_i \propto (\Delta Z)^2$ と価数の差の 2 乗に比例する．この関係を**リンデ（Linde）の法則**とよび元々経験則として与えられたものだが，散乱確率が摂動ポテンシャルの 2 乗に比例することから理論的にも説明できることである．**図 5-4** に Cu に周期表で Cu の左右に位置する元素を 1% 不純物として混ぜたときの抵抗率の増加を示すが，$\Delta Z > 0$ の場合は確かにこの関係式がよく当てはまることを示す．$\Delta Z < 0$ すなわち遷移金属を混ぜた場合は複雑な変化を示すがその原因は磁気的性質も関係

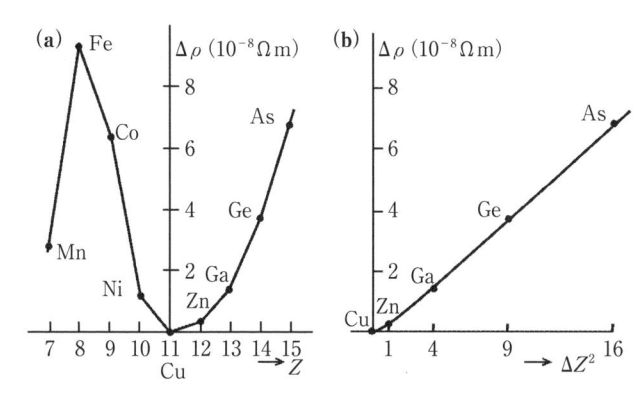

図 5-4 （a）銅に原子番号の異なる 1% の不純物を混ぜたときの抵抗率の増加，（b）右側の元素の変化率を価数の差の 2 乗に対してプロットしたもの[3].

しており簡単には説明できない.

5.4.2 合金の電気抵抗

$A_{1-x}B_x$ 固溶体合金の抵抗は $\rho \propto x(1-x)$ と放物線状の濃度依存性を示す．これをノルトハイム（Nordheim）の法則という．これも，経験的に見いだされた法則であるが，抵抗がポテンシャルの差の 2 乗に比例することから以下のようにして導ける．

合金の平均ポテンシャルを $\overline{V}=V_A(1-x)+V_B x$ とする．A，B 各原子位置でのポテンシャルはこの平均ポテンシャルとの差，すなわち

$$\Delta V_A = V_A - \overline{V} = x(V_A - V_B) \tag{5-29a}$$

$$\Delta V_B = V_B - \overline{V} = (1-x)(V_B - V_A) \tag{5-29b}$$

と見なせるので，抵抗の加算性，およびポテンシャル差の 2 乗則により

$$\begin{aligned}\rho &= \rho_A + \rho_B \propto (1-x)\Delta V_A^2 + x\Delta V_B^2 \\ &= (1-x)x^2(V_A-V_B)^2 + x(1-x)^2(V_B-V_A)^2 \\ &= x(1-x)(V_A-V_B)^2 \end{aligned} \tag{5-30}$$

と，放物線則が導ける．

図 5-5 に，この関係式がよく成り立つ例として，Cu-Au 合金の電気抵抗率の

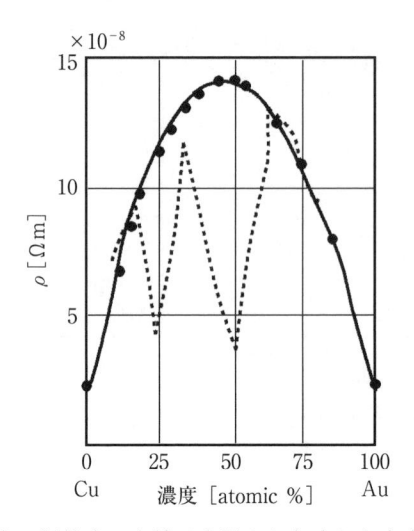

図 5-5 Cu-Au 合金の抵抗率．実線は高温から急冷した合金(不規則合金)，点線はよく焼なました合金(規則合金 Cu_3Au, $CuAu$)．規則化による周期性の回復により抵抗値が減少することがわかる[4].

濃度依存性を示す．

5.4.3 格子振動による散乱 ρ_L

熱エネルギーによる格子振動も結晶の周期性を乱す原因であり，電気抵抗の原因となる．これは当然温度に依存し，温度上昇とともに増加する．図 5-6 に示すように，純金属の室温での電気抵抗の原因はほとんど格子振動によるものである．以下簡単なモデルで電気抵抗の温度依存性を導く．

(1) 高温 ($T > \Theta_D$)

デバイ温度 Θ_D より高い温度(実際にはほとんどの金属で室温付近も含む高温)では温度の1次に比例して増加する．このことは格子振動をアインシュタイン・モデルで近似して以下のように説明できる．

まず，散乱の原因となるポテンシャルの揺らぎは原子の変位によって生じるので，散乱確率は平均2乗変位 $\langle (\Delta x)^2 \rangle$ に比例すると見なす．調和振動体に対するビリアル定理，

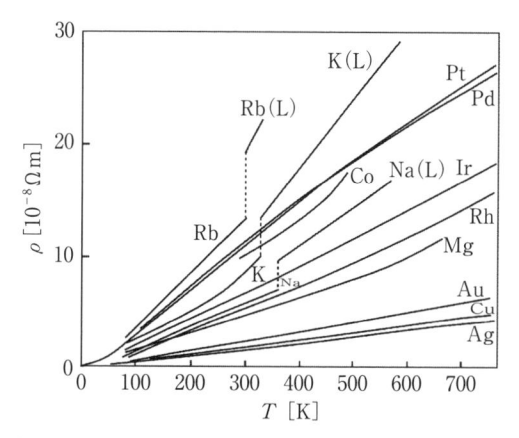

図 5-6　種々の金属の電気抵抗率の温度依存性．アルカリ金属(Rb, K, Na)の高温部(L)は液体状態の電気抵抗率(参考書[9] p. 330)．

〈平均ポテンシャルエネルギー〉= $\frac{1}{2}$〈全エネルギー〉　　　　(5-31)

より

$$\frac{1}{2}M\omega^2 \langle x^2 \rangle = \frac{1}{2}\hbar\omega\left(\langle n \rangle + \frac{1}{2}\right) \quad (5\text{-}32)$$

平均量子数にプランク分布関数を適用すると

$$\langle x^2 \rangle = \frac{\hbar}{M\omega}\left[\frac{1}{\exp(\hbar\omega/k_B T)-1} + \frac{1}{2}\right] \approx \frac{\hbar}{M\omega}\frac{k_B T}{\hbar} = \frac{\hbar^2}{Mk_B \Theta_E^2}T \quad (5\text{-}33)$$

ここで，M は原子の質量，ω は角振動数，Θ_E はアインシュタイン温度($\sim\Theta_D$)である．したがって，$\rho \propto T$ と抵抗率は温度に比例することがわかる．

(2) 低温 ($T \ll \Theta_D$)

低温では励起エネルギーの低い長波長のフォノンによる散乱が電気抵抗の主因となる．散乱確率を求めるには，フォノンと電子の運動量保存則，エネルギー保存則を考慮しデバイ・モデルに従って計算する必要がありかなり面倒である．詳細は付録 D に記すが，結果のみ記すと，$\rho_L \propto T^5$ と温度の 5 乗則が導ける．ただし，遷移金属の多くは $\rho_L \propto T^2$ となり比熱の 3 乗則ほど一般的でない．これは，

電子間相互作用や磁気散乱などが効いてくるためで金属の低温での電気抵抗の挙動は複雑で理論的にも難しい問題である．

（3） 中間温度(グリュナイゼンの内挿式)

中間温度での格子振動による電気抵抗の温度依存性を与える内挿式として，グリュナイゼン(Grüneisen)は次のような式を導いた．

$$\rho_{\mathrm{L}}(T) = A\left(\frac{T}{\Theta_{\mathrm{D}}}\right)^5 G\left(\frac{\Theta_{\mathrm{D}}}{T}\right),$$

$$G(x) = \int_0^x \frac{z^5 dz}{\{\exp(z)-1\}\{1-\exp(-z)\}} \tag{5-34}$$

図 5-7 に示すように，代表的な金属の電気抵抗をデバイ温度で規格化してプロットすると，この温度範囲では(5-34)式によく一致する．この式は，高温 ($T \gg \Theta_{\mathrm{D}}$) では，$\rho_{\mathrm{L}} \propto T$，低温 ($T \ll \Theta_{\mathrm{D}}$) では，$\rho_{\mathrm{L}} \propto T^5$ を与えるが，先に述べたように，低温では5乗則が成り立たない場合も多いので，中間温度での近似式と見なした方がよい．

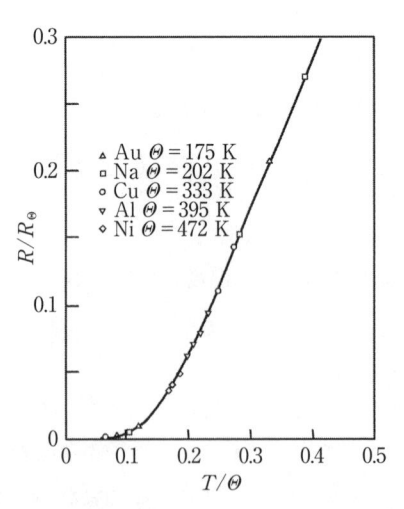

図 5-7 いくつかの金属の電気抵抗をデバイ温度(Θ_{D})で規格化してプロットしたデータ．実線は**グリュナイゼンの式**(5-34)を表す(参考書[10] p. 237)．

● マティーセンの法則と残留抵抗

すでに述べたように，散乱の原因が複数個ある場合，それぞれの原因による抵抗率を $\rho_1, \rho_2, \cdots$ とすると，全抵抗率 ρ は，$\rho = \rho_1 + \rho_2 + \cdots$ と各寄与の和となる．不純物による抵抗 ρ_i（温度に依存しない）と格子振動による抵抗 ρ_L（温度に依存）についても，和の法則が成り立つ．すなわち

$$\rho(T) = \rho_i + \rho_L(T) \tag{3-35}$$

と書ける．$T \to 0\,\text{K}$ では，$\rho_L(0) = 0$ なので絶対零度近傍の抵抗は不純物散乱による．これを残留抵抗とよぶ．したがって，$\rho(T) - \rho_i$ は不純物濃度によらず同じ温度依存性を示す．これを，**マティーセン**（Matthiessen）**の法則**という．**図 5-8** にその一例を示す．

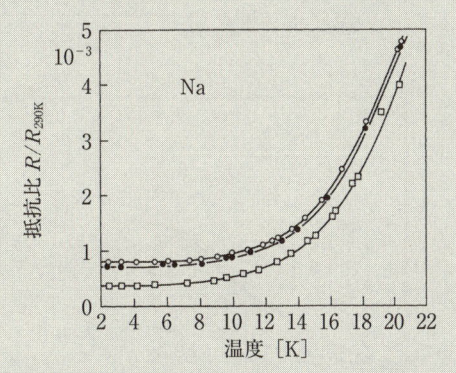

図 5-8 純度の異なる 3 つのナトリウムの低温での電気抵抗[5]．
□, ●, ○の順で純度が高い．

● 残留抵抗比（*RRR*: Residual Resistivity Ratio）

高純度金属の不純物濃度は化学分析では測定が難しい．そこで低温での電気抵抗が主に不純物散乱によることを利用し，室温での電気抵抗 [$R(\text{RT})$] と残留抵抗（液体ヘリウム温度での抵抗値 $R(4.2\,\text{K})$ でよい）の比，$RRR = R(\text{RT})/R(4.2\,\text{K})$ を求め簡便な不純物濃度の評価法とすることがある．よく焼なました純銅の場合，99.999% 純度で RRR は数百となる．しかし，さらに高純度では，格子欠陥による抵抗も無視できず，また，次節で示すように遷移金属不純物を含む場合はさらに低温で電気抵抗が再増加することがあるので注意が必要である．

5.4.4 その他の原因

（1） 磁気散乱

鉄や Ni などの強磁性金属は原子が磁気モーメントをもっており，低温ではそれが整列して強磁性となる．伝導電子も自転（スピン）に起因する磁気モーメントをもっているので互いに相互作用をして散乱の原因となる．しかし，十分低温では，原子の磁気モーメントはその方向を含め周期的に整列しているので，やはり抵抗の原因とならない．温度を上げると，磁気モーメントの方向が揺らぎ始め，磁性を失うキュリー温度以上では完全にばらばらになる（第7章参照）．これに伴い，磁気散乱による電気抵抗は徐々に増加し，キュリー温度以上で一定になる．図 5-9 に Fe の電気抵抗率の温度依存性を示す．

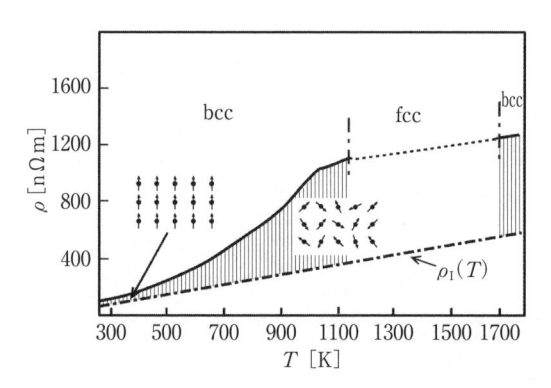

図 5-9 鉄の電気抵抗．実線：bcc(α)Fe の抵抗率．点線：fcc(γ)Fe の抵抗率．1 点鎖線：格子振動による抵抗．縦線部分は磁気散乱の寄与[6]．

（2） 低温での抵抗極小(Kondo 効果)

貴金属に遷移金属不純物が存在するとき，しばしば低温で抵抗率が増加しある温度で極小値を示す．このとき，抵抗の温度変化は $\rho = A + B \ln T$ の付加項により表され，その原因は，伝導電子が磁性不純物の磁気モーメントにより散乱されることに求められることが近藤[7]によって明らかにされた．

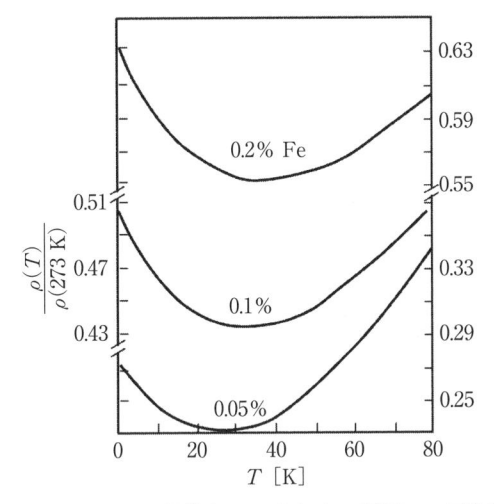

図 5-10 少量の鉄を不純物として含む金の低温での電気抵抗[8].

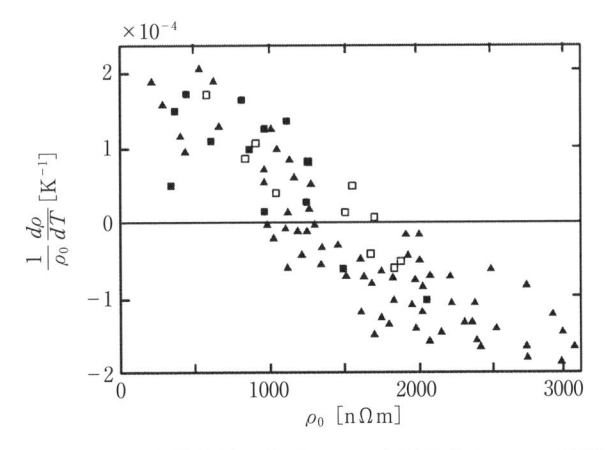

図 5-11 電気抵抗の温度依存性の勾配. ■：高抵抗合金, ▲：薄膜試料, □：アモルファス合金[9].

（3） 高抵抗合金

通常の金属や合金の電気抵抗は格子振動の影響で温度上昇とともに増加する. すなわち, $d\rho/dT > 0$ が成り立つ. 一方, 次章で取り扱う半導体は, 温度上昇とともにキャリア数が増加することにより電気伝導度が増加, 言い換えれば抵抗値

は温度上昇により減少し $d\rho/dT<0$ となる．しかし，半導体とは考えにくい一部の合金やアモルファス合金でも負の温度勾配を示すことがある．**図 5-11** は，大きな残留抵抗値をもつ合金やアモルファス合金の電気抵抗の比温度勾配 $(d\rho/dT)/\rho_0$ を，残留抵抗率 ρ_0 の関数としてプロットしたものである．図から見られるように残留抵抗値が 1500 nΩm を境にして符号が反転する傾向が見られる．ただし，これはあくまで経験則であり理論的に証明されているわけではない．

5.5 その他の伝導現象

5.5.1 ホール効果

導体に電流を流し，さらに磁場をかけると，その方向によって様々な現象が生じる．ここでは，代表的な現象である**ホール効果**(Hall effect)について述べる．これは磁場を電流に垂直にかけたとき，両者に垂直な方向に電圧が生じる現象で，磁場測定やキャリア密度の推定に使われる．

まず，**図 5-12** を見てほしい．長さ l，幅 h，厚さ d の短冊状の導体に電圧 V，磁場(磁束密度 B_z[T])をかける．電流(J_x)方向を x，磁場方向を z とすると，磁場 0 のときは，電子は $-x$ 方向へ動こうとするが，磁場中ではローレンツ力を受け，図の点線のように上向き($-y$ 方向)の力を受ける．しかし，y 方向には電流は流れないので，上側表面に過剰の電子が溜まり，負に帯電する．逆に下側表面は電子不足となり正に帯電する．つまり，y 方向に電圧が発生する．この電圧

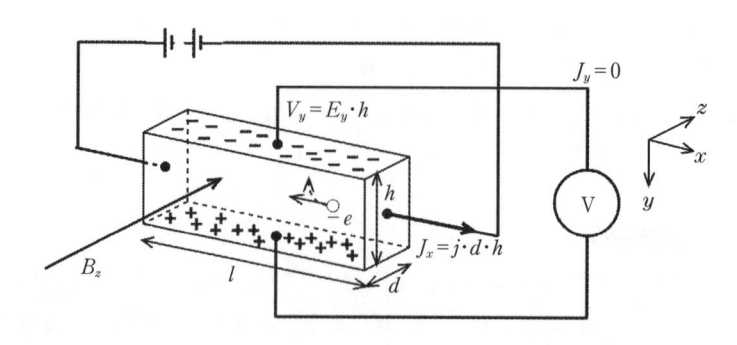

図 5-12 ホール効果の概念図．

による電場と，ローレンツ力が打ち消し合い，x 方向に定常電流が流れることになる．このとき y 方向に発生する電圧がホール起電力である．

その大きさ，すなわちホール電圧 V_y [ボルト] は，電子を $-e$ に荷電した粒子密度 n の古典粒子ガスと見なすモデルにより容易に導け

$$V_y = -\frac{1}{ne} B_z \frac{J_x}{d} = R_\mathrm{H} B_z \frac{J_x}{d} \tag{5-36}$$

が得られる(導出法は参考書[1]8.5節参照)．ここで，$R_\mathrm{H} = -1/(ne)$ を**ホール係数**とよぶ．したがって，板状試料の厚さ d がわかっていれば，ホール電圧を測定することにより，ホール係数が求まり，電子密度(体積当たりの電子数，より一般的には半導体で電気伝導に寄与する正孔も含めたキャリア密度)n を推定することができる．逆に R_H がわかっていれば，磁束密度の測定に使える．ただし，金属の場合は電子密度が大きいのでホール係数が小さく，実験室条件ではホール電圧は微小で，できる限り薄い(d が小さい)試料を使う必要がある．半導体の場合はキャリア密度が小さくホール電圧も大きいので，磁場の測定には半導体が使われる．また，半導体ではキャリアが正孔の場合(p型半導体)ホール電圧は正となる．

5.5.2 熱電現象 ―熱起電力とペルチエ効果―

材料科学を学んだ人なら温度測定に熱電対を使ったことはあるだろう．2種類の金属または合金を接合し，接合部を試料部につけ，一方を基準温度(T_0 通常 0℃)として発生する電圧を測り，試料部の温度を測定する方法である(**図5-13**)．その原理を少し単純化して説明すると，**図5-14** に示すように，金属中に温度勾配 dT/dx があると，フェルミ準位が場所により変化するが(図5-14(a))，電子(キャリア)は自由に動けるので，試料中でフェルミ準位が一定になるよう電荷が移動し電場 E が生じる．その大きさは $E = S(dT/dx)$ と温度勾配に比例し，比例定数 S は試料に固有の定数である．この電場を回路に沿って積分すると，回路1，2間には温度差がないことを考慮すると，熱起電力は

$$V = \int_1^2 E_\mathrm{B}\,dx + \int_2^3 E_\mathrm{A}\,dx + \int_3^4 E_\mathrm{B}\,dx$$
$$= \int_2^3 S_\mathrm{A}\frac{dT}{dx}dx + \int_3^4 S_\mathrm{B}\frac{dT}{dx}dx$$

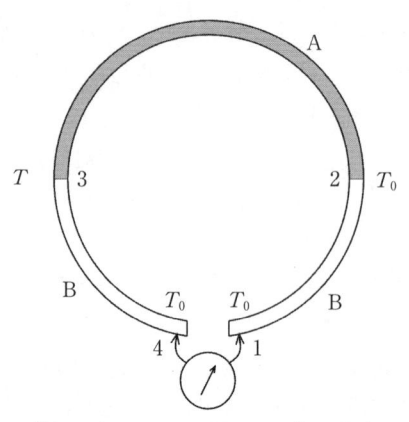

図 5-13 熱起電力．2種類の金属 A, B を図のように接合した回路をつくったとき，接合部の温度が異なっていると回路中に電位差が発生する．両端(測定部)の温度を等しくしたときの電圧を熱起電力という．

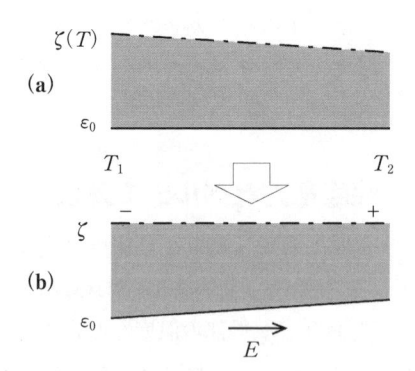

図 5-14 熱起電力の原因(概念図)．横軸は位置 x，縦軸はエネルギーで，影を施した部分は電子の占有状態を示す．(a) ε_0 を伝導バンドの底としたとき，試料に温度勾配があるとフェルミ準位 $\zeta(T)$ が変化する．(b) 電子(キャリア)は自由に動けるので，フェルミ準位(化学ポテンシャル)が試料中で一定になるよう電子が移動し温度勾配に比例した電場 E が生じる．この電場を回路に沿って積分すると熱起電力となる．

$$= \int_{T_0}^{T} S_A \, dT + \int_{T}^{T_0} S_B \, dT = \int_{T_0}^{T} (S_A - S_B) dT \tag{5-37}$$

で与えられる．S_A, S_B を各々の物質の**絶対熱起電力**あるいは**ゼーベック**(Zeebeck)**係数**とよぶ．実測で求まるのは，2つの金属の絶対熱起電力の差であるが，一方の金属に(仮想的な)超伝導体を選べば直接実験で求まる．実際には，一方の金属の絶対熱起電力が既知であればよい．絶対熱起電力を理論的に推定するのは少々複雑で，フェルミ準位の温度依存性だけでなく，フェルミ準位近傍 ($\Delta\varepsilon \approx k_\mathrm{B}T$) の電子の移動度 μ も関係し，正確に求めるにはフェルミ統計に基づく輸送方程式(ボルツマンの式)を解く必要があり容易でない．導出の方法は参考書[11]に任すとして，結果のみを記すと

$$S = -\frac{\pi^2}{3}\frac{k_\mathrm{B}^2}{e}T\left[\frac{D(\varepsilon_\mathrm{F})}{n} + \left\{\frac{d\ln\mu(\varepsilon)}{d\varepsilon}\right\}_{\varepsilon=\varepsilon_\mathrm{F}}\right] \qquad (5\text{-}38)$$

となる(−符号はキャリアが電子の場合，正孔の場合は＋)．括弧内の第1項は電子比熱に対応し，伝導に携わる電子の内部エネルギーの変化に起因する項である．単位体積当たりの電子比熱を C_el とすると(4-4)式より，(5-38)式は

$$S = -\frac{1}{e}\left[\frac{C_\mathrm{el}}{n} + \frac{\pi^2}{3}k_\mathrm{B}^2 T\left\{\frac{d\ln\mu(\varepsilon)}{d\varepsilon}\right\}_{\varepsilon=\varepsilon_\mathrm{F}}\right] \qquad (5\text{-}39)$$

と書ける．金属の場合，第1項は1電子当たりの電子比熱を素電荷数で割った値で容易に求まる．自由電子近似では，(4-6)式より，$C_\mathrm{el}/n = (\pi^2 k_\mathrm{B}/2)(T/T_\mathrm{F})$ で与えられるので，たとえば，Na の場合 $T_\mathrm{F}=3.75\times10^4\,\mathrm{K}$ として，300 K で約 $-3.4\,\mu\mathrm{V/K}$ と見積もれるが，実測値は $-8\,\mu\mathrm{V/K}$ で第2項の寄与が無視できないことを示す．Cu については実測値が $+1.7\,\mu\mathrm{V/K}$ と符号も異なり，第2項が大きな寄与をする．いずれにせよ，金属の熱起電力を理論的に見積もるのはかなり困難である．半導体の場合は事情が異なるがこれについては次章で述べる．

なお，熱起電力の逆効果として，**図 5-15** に示すように接合部の温度を一定にしておき回路に電流を流すと，一方の接合部で吸熱(または発熱)，もう一方の接合部で発熱(または吸熱)が生じる．この現象を**ペルチエ効果**という．その原因は，回路に沿って移動する電子は電荷(電流)だけでなく，エネルギー(熱流)も運ぶ．単位電流に相当する電子に伴うエネルギー流 $\Pi[\mathrm{J/A}]$ を**ペルチエ係数**とよび物質定数である．したがって，回路を流れる電流は一定であるがそれに伴うエネルギー流は物質によって異なり，接合部でその過不足を補うため，$Q = \pm(\Pi_\mathrm{B}-\Pi_\mathrm{A})J$ の発熱(吸熱)が生じる．実は，S と Π は密接に関連しており，熱力学的に導かれる**ケルビン**(Kelvin)**の関係式**，

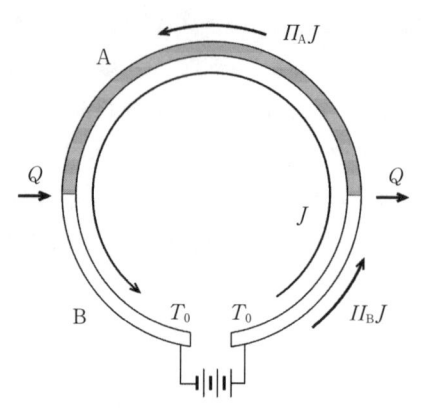

図 5-15 ペルチエ効果．熱起電力の説明図 5-14 と同じ構成の回路に，温度差をなくし，回路に電流 J を流すと，接合部で発熱および吸熱が生じる．これがペルチエ効果である．

$$\Pi = ST \tag{5-40}$$

が成り立つ．したがって，絶対熱起電力 S が求まれば，ペルチエ係数も求まる．この現象を利用して冷凍器をつくることが可能となる．

5.5.3 金属の熱伝導とヴィーデマン-フランツの法則

金属中の電子は電荷だけでなく，エネルギーの伝導すなわち熱伝導にも寄与する．したがって，両者の間には密接な関係がある．熱伝導率 K の定義式は，z 方向に温度勾配 dT/dz があるとき，単位時間，単位面積を通過するエネルギーを j_u とすると

$$j_u = -K \frac{dT}{dz} \tag{5-41}$$

で与えられ，電子が寄与する熱伝導率を K_{el} とすると，電気伝導率 σ との間に

$$\frac{K_{el}}{\sigma} = LT \tag{5-42}$$

という簡単な関係式が成り立つ．この関係式を**ヴィーデマン-フランツ**(Wiedemann-Franz)**の法則**とよぶ．定数 L を**ローレンツ数**といい，自由電子に対しては理論的に求められ（詳しくは参考書[1]8.6 節参照），

$$L = \frac{\pi^2}{3}\left(\frac{k_\mathrm{B}}{e}\right)^2 = 2.44 \times 10^{-8} \; \mathrm{W\,\Omega\,K^{-2}} \tag{5-43}$$

で与えられる．実際の金属では(273 K において)Ag：2.31，Au：2.35，Cu：2.23 ($\times 10^{-8}$ W Ω K^{-2})と，これらの金属では自由電子の値に近いことがわかる．なお，熱伝導率の測定は，電気抵抗の測定に比べ格段に難しいが，この関係式を使うことにより，電気抵抗の測定から熱伝導率の概略値を推定することができる．たとえば，銅について室温の熱伝導率を自由電子モデルにより推定すると

$$\sigma = 1/\rho = 1/(1.7 \times 10^{-8}) = 5.9 \times 10^{7} \; \Omega^{-1}\,\mathrm{m}^{-1}$$

を用い，

$$K_\mathrm{el}(300\,\mathrm{K}) \sim 5.9 \times 10^7 \times 2.44 \times 10^{-8} \times 300 = 432 \; \mathrm{W\,m^{-1}\,K^{-1}}$$

と求まり，実測値 403 W m^{-1} K^{-1} にかなり近い値が得られる．したがって，この場合，伝導電子による熱伝導が支配的であることがわかる．

演習問題 5-1 電気抵抗比(RRR)が 1000 の高純度銅の 4.2 K での平均自由行程を求めよ．

演習問題 5-2 厚さ 0.1 mm，幅 10 mm，長さ 50 mm の Cu 試料を用い，厚さ方向に磁束密度 1T(テスラ)の磁場をかけ，長さ方向に 1A の電流を流したとき，幅方向に $-0.55\,\mu$V のホール電圧が生じた．
（1）Cu のホール係数を求めよ．（2）Cu 1 原子当たりの伝導電子数を求めよ．

半導体の電子論

　第3章(3.2.2節)において述べたように，3次元結晶においては，ブリルアンゾーン境界でのエネルギーギャップの大小により，状態密度曲線にもギャップができる場合とできない場合がある(図3-6参照)．状態密度曲線にギャップがある場合，ギャップ下の状態(価電子帯)が電子で完全に満たされている場合，電場を印加しても電子は動くことができず絶縁体となる．このとき，シリコン(Si)やゲルマニウム(Ge)のように，ギャップのエネルギー(E_g)が常温の熱エネルギーに比べそれほど大きくなければ，**図 6-1** に示すように，価電子帯の電子が，空の伝導帯に励起され自由に動くことができるようになり，電気伝導性が生じる．これが半導体であり，最も重要な機能材料の1つである．材料科学者としてその性質を理解しておくことが望まれるが，ここでは，これまで学んできたことを基礎に基本的な性質を説明する．

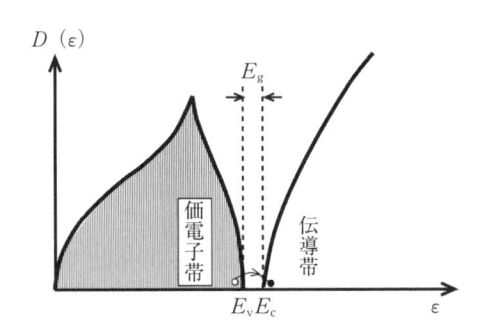

図 6-1　半導体のバンド構造．0 K では価電子バンドが電子で完全に満たされており，伝導バンドには電子は存在しない．有限温度では熱エネルギーにより電子が励起され，価電子バンドにホールが，伝導バンドに電子が現れ，それぞれ伝導に寄与する．このとき，フェルミ準位は禁制バンドの中間にある．

6.1 ホールの運動

上の説明では，伝導を担うのは伝導帯に励起された電子であるといったが，実は価電子帯に残された空状態も伝導に寄与する．これを，**ポジティブホール**とよぶ(以下略してホールとよぶ．日本語では正孔)．ホールと伝導帯の電子と合わせて**キャリア**と総称する．通常，マイナスの電荷で満たされた価電子帯に空いた穴なので，あたかも正の電荷をもった粒子と見なし説明される．直感的にはこれで理解できるが，実際に存在するのは電子のみであり，定量的にそのホールの有効質量などを論じようとすると，このイメージは十分ではない．以下，少々煩雑だが，なぜホールを正電荷を帯びた粒子として扱っていいかを説明する．

簡単のため，**図 6-2** のようなバンドの頂上($k=0$)にあった電子が抜けた1次元バンドを考え，それに電場をかけていくことによる変化を順を追って説明する．

(**1**) 電場がかかっていないとき(図 6-2(a))．
電子の詰まっている状態は k_x の＋方向，－方向について対称であるから

$$\sum_{k=-\infty}^{\infty} k_x = 0 \tag{6-1}$$

(**2**) $+x$ 方向に電場 $E_x>0$ をかける(図 6-2(b)→(c))．

$$\frac{dp_x}{dt} = \hbar \frac{dk_x}{dt} = -eE_x \tag{6-2}$$

により，各電子の波数は $-\Delta k_x$ 変化する(図 6-2(a)→(b)→(c))．
これに伴い，ホールも $-\Delta k_x$ 移動する．

(**3**) 一方，実空間での電子の速度は群速度 $v_g = \hbar^{-1} d\varepsilon/dk$ で与えられる．したがって，$k<0$ に対しては $v_g>0$，$k>0$ に対しては $v_g<0$ である(図 6-2(d))．

(**4**) 全電子の速度の和を V，ホールにあった電子の速度を v_h とすると，$E_x=0$ では

$$V = \sum_{\bullet} v_k = 0, \quad v_h = 0 \tag{6-3}$$

ここで，$\sum_{\bullet}$ は電子が詰まっているすべての状態についての和を意味する．$E_x>0$

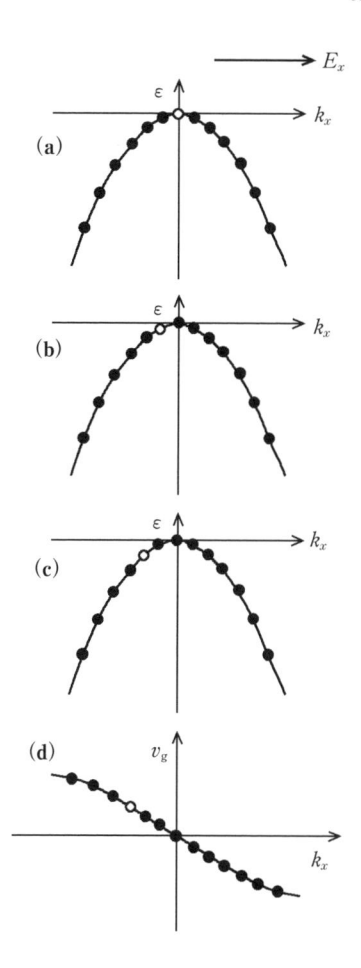

図 6-2 (a), (b), (c) 電場をかけたときの電子およびホールの k 空間での変化. (d) 各状態の群速度.

では，$V=\sum v_k<0$. 電子は負電荷なので正の電流が流れる.

（**5**） 空孔がないときの全電子の速度の和は 0 なので，$\sum_{\text{all}} v_k = \sum_{\bullet} v_k + v_\text{h} = 0$. したがって

$$\sum_{\bullet} v_k = -v_\text{h} < 0 \quad (\text{ここで，} v_\text{h}>0 \text{ に注意})$$

すなわち，全電子の速度の和は空孔に電子があるとしたときの速度に－符号を付けたものに等しく，電流は，$J=-e\sum_{\cdot}v_k=-e(-v_h)=ev_h$ となり，全電子によって運ばれる電流は空孔(速度 v_h)においた電荷 $+e$ の粒子(ホール)が運ぶそれに等しい．

●ホールの有効質量

電場 E_x により，v_h は時間とともに増加する．すなわち，$dv_h/dt>0$．したがって，有効質量は正と考えてよい．一方，5.2.1節で述べたようにバンドの上端付近の電子の有効質量が負であることから，その値は次式で与えられる．

$$m_h{}^*=-\hbar^2/(d^2\varepsilon/dk^2)>0 \tag{6-4}$$

つまり，ホールの有効質量はその波数に相当する電子の有効質量の絶対値に等しい．

●半導体の電気伝導率

前章で述べたように電気抵抗率は一般に $\rho=m^*/(ne^2\tau)$ で与えられるが，半導体の場合は慣習的にその逆数である電気伝導率 $\sigma=ne^2\tau/m^*$ を使う．さらに，金属の場合と異なり，伝導率は主にホールを含めたキャリア密度 n で決まるので，$\sigma=ne\mu$，$\mu=e\tau/m^*$ とキャリア密度と移動度 μ の積で表す．さらに，キャリアが電子とホールの2種類あるので，伝導バンドの電子濃度を n，移動度を μ_e，価電子バンドのホール濃度を p，移動度を μ_h とすると，$\sigma=ne\mu_e+pe\mu_h$ と書ける．いずれにせよ，伝導率を決める最大の要因はキャリア密度 n，p なので，以下その見積もり法について述べる．

6.2 真性(固有)半導体

6.2.1 電子構造

Ge や Si など，いわゆる半導体では，図6-1に示したように，電子の詰まった価電子バンドと空の伝導バンドの間にエネルギーギャップがあり本来絶縁体であるが，エネルギーギャップ E_g が比較的小さく，室温においても価電子バンド上

6.2 真性(固有)半導体　103

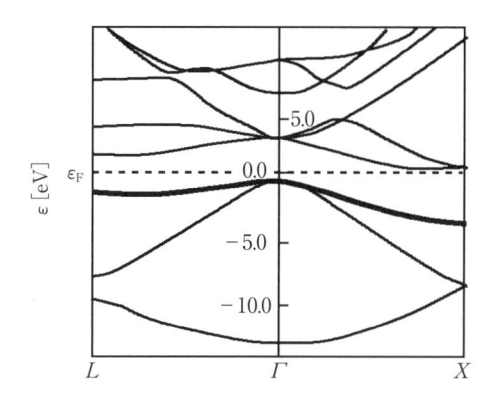

図 6-3 Si の電子分散曲線．低エネルギー側の 2 本の分枝は縮退せず，その上の太線の分枝は 2 重に縮退している(参考書[3] p. 265)．

端の電子が熱励起され，伝導バンドに電子が，価電子バンドには空孔が生じる．後に述べる不純物半導体と区別し純粋の Si や Ge を真性(固有)半導体という．代表的な半導体のエネルギーギャップは，Si：1.17，Ge：0.744，GaAs：1.52 eV といずれも eV のオーダー，つまり 10,000 K 程度で室温の熱エネルギーより 1 桁以上大きい．したがって，励起される電子数は少数である．

図 6-3 に Si の分散曲線を示す．Si の場合共有結合性が強いので空格子近似との対応は難しいが，下から，縮退のない 2 本の分枝とその上の太線で表した 2 重縮退のある 1 本の分枝に，格子点当たり 8 個(ダイヤモンド構造では格子点当たり 2 個の原子，Si では 1 原子当たり 4 個の価電子をもつ)の電子が占有し価電子バンドをつくり，その上の分枝との間に狭いエネルギーギャップが存在する．その結果，状態密度曲線にもギャップが生じる．

6.2.2　真性半導体のフェルミ準位とキャリア密度 Ⅰ：粗い計算

真性半導体では $n=p$ でなければならないので，$f(\varepsilon_F)=1/2$ で定義されるフェルミ準位 ε_F はエネルギーギャップのほぼ中央になければならない(**図 6-4** 参照)．なお，このことは**半導体ではフェルミ面は存在しない**ことを意味するので注意し

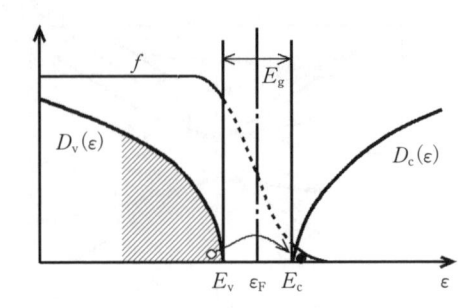

図 6-4 真性半導体の状態密度とフェルミ分布関数．ホール数と伝導バンドの電子数が等しくなければならないので，フェルミ準位はギャップの中央にある．($f(\varepsilon_F)=1/2$ であることに留意)．したがって，半導体にはフェルミ面は存在しない！

ておこう．ここでは簡単のため，ちょうど中間にあるとする．価電子バンドの上端のエネルギーを E_v，伝導バンドの底を E_c とすると，$\varepsilon_F - E_v = E_c - \varepsilon_F = E_g/2$，したがって，$\varepsilon_F = (E_c + E_v)/2$ と書ける．ホールはほとんど E_v 付近に，電子はほとんど E_c 付近に分布しており，また，$E_g \gg k_B T$，したがって $(E_c - \varepsilon_F) \gg k_B T$ なので，フェルミ-ディラック分布関数は，

(**1**) 伝導バンドの電子に対して

$$f_e = \frac{1}{\exp\{(E_c - \varepsilon_F)/k_B T\}+1} \approx \exp\{-(E_c - \varepsilon_F)/k_B T\}$$
$$\approx \exp(-E_g/2k_B T) \tag{6-5}$$

(**2**) 価電子バンドのホールに対して

$$f_h = 1 - \frac{1}{\exp\{(E_v - \varepsilon_F)/k_B T\}+1} = \frac{1}{\exp\{(\varepsilon_F - E_v)/k_B T\}+1}$$
$$\approx \exp(-E_g/2k_B T) \tag{6-6}$$

と，n, p は近似的にボルツマン分布に従う．すなわち

$$n = p \propto \exp(-E_g/2k_B T) \approx 10^{-10} \quad \text{(for Si 300 K)}$$

したがって，移動度の温度依存性を無視すれば

$$\sigma = c \exp(-E_g/2k_B T), \quad \ln \sigma = -E_g/2k_B T + \ln c \tag{6-7}$$

と，電気伝導率の対数 $\ln \sigma$ を $1/T$ の関数としてプロットすると直線になる(**図 6-5** 参照)．

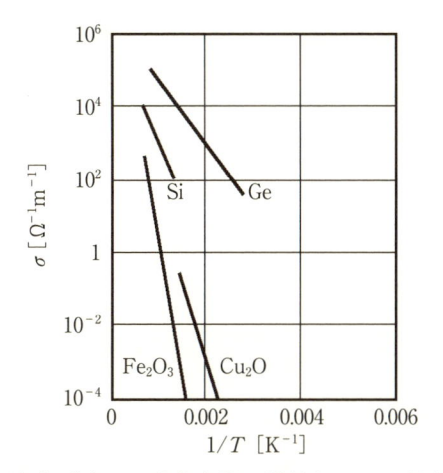

図 6-5 半導体の電気伝導率の温度依存性．縦軸を $\log \sigma$，横軸を $1/T$ でプロットすると直線にのる．エネルギーギャップが大きいほど勾配が大きくなる（参考書[12] p. 183）．

6.2.3 真性半導体のフェルミ準位とキャリア密度 II：より正確な計算

伝導バンド，価電子バンドの状態密度を自由電子と同じ $\varepsilon^{1/2}$ 型とし，その有効質量をそれぞれ，m_e，m_h とし，以下に真性半導体の基本的性質を求める．

(1) 伝導バンドの電子濃度 n

伝導バンドの単位体積当たりの状態密度を，$\varepsilon > E_c$ の範囲で

$$D_e(\varepsilon) = \frac{1}{2\pi^2}\left(\frac{2m_e}{\hbar^2}\right)^{3/2}(\varepsilon - E_c)^{1/2} \tag{6-8}$$

とする（図 6-4 参照）．フェルミ–ディラック分布関数は $\varepsilon - \varepsilon_F \gg k_B T$ ゆえ，$f_e \approx \exp\{-(\varepsilon - \varepsilon_F)/k_B T\}$ と近似でき，したがって

$$n = \int_{E_c}^{\infty} D_e(\varepsilon) f_e \, d\varepsilon$$

$$= \frac{1}{2\pi^2}\left(\frac{2m_e}{\hbar^2}\right)^{3/2} \exp\left(\frac{\varepsilon_F}{k_B T}\right) \int_{E_c}^{\infty} (\varepsilon - E_c)^{1/2} \exp\left(-\frac{\varepsilon}{k_B T}\right) d\varepsilon$$

$$= 2\left(\frac{m_e k_B T}{2\pi \hbar^2}\right)^{3/2} \exp\left(\frac{\varepsilon_F - E_c}{k_B T}\right) \tag{6-9}$$

と伝導バンドの電子濃度が求まる．ここで，積分を実行するとき，$(\varepsilon - E_c)/k_B T = x^2$ と置き，定積分 $\int_0^\infty x^2 \exp(-x^2) dx = \sqrt{\pi}/4$ を用いた．

（2） 価電子バンドのホール濃度 p

価電子バンドの状態密度を $\varepsilon < E_v$ の範囲で

$$D_v(\varepsilon) = \frac{1}{2\pi^2}\left(\frac{2m_h}{\hbar^2}\right)^{3/2}(E_v - \varepsilon)^{1/2} \tag{6-10}$$

とすると，ホールの分布関数は

$$f_h = 1 - f_e = 1 - \frac{1}{\exp\{(\varepsilon - \varepsilon_F)/k_B T\} + 1} = \frac{1}{\exp\{(\varepsilon_F - \varepsilon)/k_B T\} + 1}$$

$$\approx \exp\left(\frac{\varepsilon - \varepsilon_F}{k_B T}\right) \tag{6-11}$$

と近似できるので，同様の計算により，ホール濃度は

$$p = \int_{-\infty}^{E_v} D_v(\varepsilon) f_h(\varepsilon) d\varepsilon = 2\left(\frac{m_h k_B T}{2\pi \hbar^2}\right)^{3/2} \exp\left(\frac{E_v - \varepsilon_F}{k_B T}\right) \tag{6-12}$$

と求まる．

（3） フェルミ準位

真性半導体では $n = p$ なので，(6-9) = (6-12) と置くことにより

$$\varepsilon_F = \frac{1}{2}(E_c + E_v) + \frac{3}{4}k_B T \ln(m_h/m_e) \tag{6-13}$$

と，フェルミ準位が求まる．

（4） 質量作用の法則

(6-9)×(6-12) より

$$n \times p = 4\left(\frac{k_B T}{2\pi \hbar^2}\right)^3 (m_e m_h)^{3/2} \exp\left(-\frac{E_g}{k_B T}\right) \tag{6-14}$$

となり，電子濃度とホール濃度の積はフェルミ準位によらず一定である．これを化学反応の平衡式にならって質量作用の法則とよぶ．この関係式は，後述する不

純物半導体の場合も成り立つ．

6.3 不純物半導体

6.3.1 n型半導体，p型半導体

　代表的な半導体であるSi(Geも同じ)は4価の元素であり，結晶構造はfccダイヤモンド型である．ダイヤモンド構造では4個の最近接原子が正四面体配置をしており，中心のSiから伸びる4本の共有結合手が，最近接Siとσ共有結合を形成するというイメージが比較的よく成り立つ．もちろん多原子結晶なので，3.2.3節「多原子分子からのアプローチとの対応」で示したようにエネルギーバンドを形成し，価電子バンドは共有結合性バンドで，伝導バンドは反結合性バンドと考えてよい．

　さて，ここで，SiにP(燐)，As(ヒ素)，Sb(アンチモン)などの5価の元素を極微量不純物として加えると(ドープする)，これらの原子はSiと置換し，容易に余分の価電子を伝導バンドに放出し，伝導バンドの電子濃度を増加させる．また，逆に質量作用の法則によりホール濃度は減少する．これらの不純物は電子を(伝導バンドに)与えるもの，**ドナー**とよぶ．ドナーを多く含む半導体を**n型半導体**とよび，電気伝導は主に伝導バンドの電子が担う．

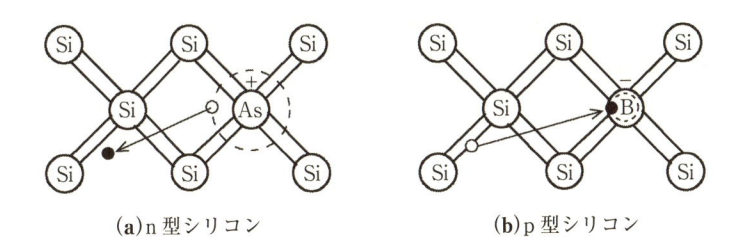

(a) n型シリコン　　　　**(b)** p型シリコン

図6-6　(a)SiにAs(5価不純物)をドープしたところ．Asは電子を1個伝導帯に放出し$+e$に帯電する．放出された伝導電子は完全に自由電子となるわけでなくAs$^+$の正電荷から引力を受ける．(b)SiにB(3価不純物)をドープしたところ．Siの価電子バンドから1個電子をとらえ$-e$に帯電する．価電子バンドに生成したホールはB$^-$の負電荷から引力を受ける．

一方，B(ボロン)，Al(アルミニウム)，Ga(ガリウム)，In(インジウム)等の3価の元素を不純物として加えると，価電子バンドから電子を捕獲し，価電子バンドにホールをつくる．これらの不純物を電子を受容する原子，**アクセプター**とよぶ．アクセプターを多く含む半導体を **p型半導体** とよび，電気伝導は主に価電子バンドのホールが担う．これらの様子を**図 6-6** に模式的に示す．

6.3.2 擬水素原子モデルによる不純物準位の推定

（1） n型半導体

ドナーから放出された電子は完全に自由になるわけでなく，正に帯電したドナーイオンから引力を受け束縛されている(図6-6(a)参照)．このときのエネルギー準位(ドナー準位)は以下のように擬水素原子モデルにより見積もることができる．ハミルトニアンは水素原子と同様に

$$\mathcal{H} = -\frac{\hbar^2}{2m_e}\nabla^2 - \frac{e^2}{4\pi\varepsilon r} \tag{6-15}$$

とする．水素原子との違いは，（1）電子の質量を伝導バンドの有効質量 m_e とする．（2）クーロン引力を母体(Si, Ge)中の引力，すなわち真空の誘電率 ε_0 の代わりにこれら半導体の誘電率 ε を使う．ハミルトニアンの型は水素原子と全く同じなので，基底状態(1s 状態に相当)のエネルギー準位，および軌道半径は

$$E_{1s} = -\frac{e^4 m_e}{2(4\pi\varepsilon)^2 \hbar^2}, \quad a = \frac{4\pi\varepsilon\hbar^2}{m_e e^2} \tag{6-16}$$

と求まる．エネルギーの原点は伝導バンドの底であり，その直下にドナー準位 E_d ができる(**図 6-7** 参照)．したがって，0 K では，電子はドナーに捕獲されて

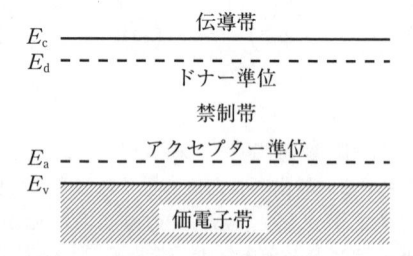

図 6-7　不純物半導体のエネルギー準位．

表 6-1　Si および Ge 中の 5 価の不純物によるドナーの結合エネルギーE_b（単位 eV, 参考書[6] p.224）.

	P	As	Sb
Si	0.045	0.049	0.039
Ge	0.012	0.0127	0.0096

いる．しかし，その**結合エネルギー** $E_b = E_c - E_d$ は真性半導体のエネルギーギャップよりずっと小さいので，室温でも容易にイオン化し，電子は放出され結晶中を運動する．

　Si, Ge について計算すると

　Si：$m_e = 0.25\,m$, $\varepsilon = 11.7\,\varepsilon_0$, $E_b = 0.025$ eV(290 K), $a = 2.47$ nm

　Ge：$m_e = 0.12\,m$, $\varepsilon = 15.8\,\varepsilon_0$, $E_b = 0.0065$ eV(75 K), $a = 7.0$ nm

となる．この結果でわかることは，（ⅰ）結合エネルギーは室温と同程度かそれより小さく，電子は容易に伝導バンドに伝導電子として励起され得る．（ⅱ）軌道半径は，Si, Ge の原子間距離約 0.25 nm よりも十分大きく，誘電率としてバルクの値を用いてもいいことがわかる．このモデルによると，結合エネルギーは母体の性質のみに依存し不純物の種類によらない．**表 6-1** に実測値を示すが，絶対値こそ少し異なるが，不純物による差はほとんどなく，このモデルが有効であることがわかる．

（2）　p 型半導体

　アクセプターが電子を捕獲すると，−イオンとなり，周りのホールを引きつける．ドナーの場合と同様，水素原子モデルで結合エネルギーが計算できる．この場合，基底状態はアクセプターが電子を捕獲していない状態，いいかえれば，ホールと結合した状態なので，アクセプター準位 E_a は価電子バンド上端の直上にある．結合エネルギーの理論値は当然ドナーの場合と同じになるはずである．**表 6-2** に Si, Ge についての結合エネルギーを示す．

　2 つの表を見比べても，結合エネルギーが母体のみによって決まっていること，ドナーとアクセプターの結合エネルギーがほぼ等しいことがわかる．

表 6-2 Si および Ge 中の 3 価の不純物によるアクセプターの結合エネルギー E_b（単位 eV, 参考書[6] p. 226）.

	B	Al	Ga	In
Si	0.045	0.057	0.065	0.157
Ge	0.0104	0.0102	0.0108	0.0112

6.3.3　不純物半導体のフェルミ準位とキャリア濃度 I：半定量的考察

半導体はダイオード，トランジスタなどいわゆる電子デバイスに使われるが，その働きを理解するうえで，不純物半導体のフェルミ準位の変化を知ることが重要である．

図 6-8 は，n 型および p 型半導体での電子の占有状態を示す．n 型の場合，$k_B T < E_b = E_c - E_d$ の低温では，ドナーに捕獲されていた電子の一部が伝導バンドの底に励起しているのみで，価電子帯は完全に満ちている．すなわち，価電子バンドにはホールは存在せず，ドナー準位の一部が空になり，伝導バンドの底にドナーから励起された伝導電子がわずかに存在するのみである．したがって，図 6-8(a) からわかるようにフェルミ準位は，ドナー準位と伝導バンドの底の間になければならない．

温度が上昇し，$k_B T \sim E_b$ の領域では，ドナーにトラップされていた電子はほとんど熱励起され伝導バンドに入る．したがって，伝導電子数はほぼ不純物数に

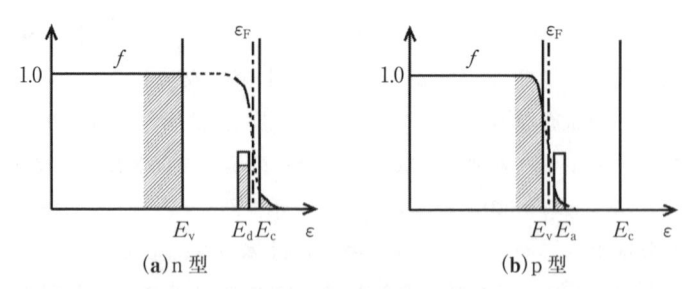

図 6-8　(a) n 型，(b) p 型半導体の電子の占有状況とフェルミ準位．$f(\varepsilon_F) = 1/2$ なので，フェルミ準位は不純物準位の近くにくる．

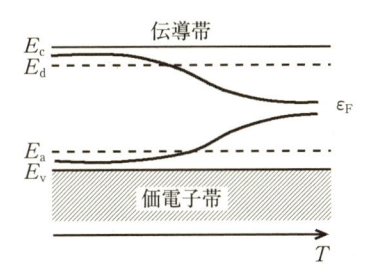

図 6-9 n 型, p 型半導体のフェルミ準位の温度依存性.

等しくなり，フェルミ準位は E_c に近づく．さらに温度が上がって，価電子バンドから伝導バンドへの励起(固有励起)が無視できなくなると，不純物濃度は普通 ppm オーダーなので，固有励起による電子が支配的になり，フェルミ準位は真性半導体の値に近づいてゆく．その様子を**図 6-9**に示す．

一方，p 型半導体の場合は少しわかりにくいが，低温ではほとんどのアクセプターがホールを束縛した状態にあり，伝導バンドには電子は存在しない．したがって，図 6-8(b)を見ればわかるように，フェルミ準位は価電子バンドの上端とアクセプター準位の間にある．

6.3.4 不純物半導体のフェルミ準位とキャリア濃度 II：定量的な見積もり

(1) 低温(n 型：$k_B T \ll E_b = E_c - E_d$, p 型：$k_B T \ll E_b = E_a - E_v$)

初めに n 型の場合を考える．伝導バンドの電子濃度 n は(6-9)より

$$n = n_0 \exp\{(\varepsilon_F - E_c)/k_B T\},$$
$$n_0 = 2(m_e k_B T / 2\pi \hbar^2)^{3/2} \tag{6-17}$$

で与えられる．これは励起されたドナー濃度 $n^* = N_d\{1 - f(E_d)\}$ に等しいと見なせるので，$n = n^*$ と等置することにより ε_F, したがって n が求まる．結果は

$$\varepsilon_F = \frac{E_c + E_d}{2} + \frac{k_B T}{2} \ln\left(\frac{N_d}{n_0}\right) \tag{6-18}$$

$$n = (n_0 N_d)^{1/2} \exp\{-(E_c - E_d)/2k_B T\} \tag{6-19}$$

となる．ここで，N_d はドナー濃度，E_d はドナー準位である．

p 型についても同様に

$$\varepsilon_F = \frac{E_a + E_v}{2} - \frac{k_B T}{2} \ln\left(\frac{N_a}{p_0}\right) \tag{6-20}$$

$$p = (p_0 N_a)^{1/2} \exp\{-(E_a - E_v)/2k_B T\}$$

$$p_0 = 2(m_h k_B T/2\pi\hbar^2)^{3/2} \tag{6-21}$$

が得られる．ここで，N_a はアクセプター濃度，E_a はアクセプター準位である．

(2) 中間温度：$k_B T \sim E_b$

$k_B T$ が結合エネルギーに近く，不純物準位がほぼ完全に熱励起される領域で，**出払領域**とよばれ，室温付近の不純物半導体はこの領域にある．この場合，n 型では $n \sim N_d$ と見なせる．この等式と (6-17) 式より

$$\varepsilon_F = E_c + k_B T \ln\left(\frac{N_d}{n_0}\right) \tag{6-22}$$

p 型では $p \sim N_a$．したがって

$$\varepsilon_F = E_v - k_B T \ln\left(\frac{N_a}{p_0}\right) \tag{6-23}$$

が得られる．

(3) 高温：$k_B T \sim E_g = E_c - E_v$

価電子バンドから伝導バンドへの固有励起が支配的になり，フェルミ準位は真性半導体のフェルミ準位に漸近する．その様子を図 6-9 に示す．

6.3.5 不純物伝導

前項で述べたように不純物半導体では，結合エネルギーが真性半導体のエネルギーギャップより小さいので低温では不純物から励起されたキャリアが支配的である．しかし，不純物濃度は小さいので高温では濃度の制限のない価電子バンドから伝導バンドへの励起が支配的になる．その結果，キャリア濃度の対数を $1/T$ の関数でプロットすると，高温側から，固有伝導領域，出払領域，不純物支配領域の 3 つの領域に別れる．**図 6-10** は n 型半導体のキャリア濃度の温度依存性を示す．電気伝導率もほぼこれに近い温度変化をするが移動度 μ の温度変化によ

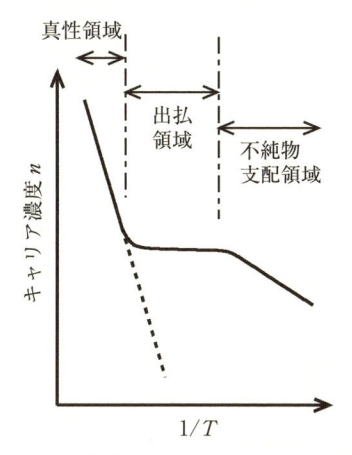

図 6-10　n 型半導体のキャリア濃度の温度依存性.

り少し異なってくる．

6.4　半導体の応用

6.4.1　p-n 接合と整流作用　Ⅰ：定性的説明

n 型半導体と p 型半導体を接合したときの電流の流れ方は，

（1）　順方向（**図 6-11**(a))：p 型に＋，n 型に－の電圧をかけるとホール，電子ともに界面に向かって動き界面付近で対消滅する．また，電極では導線の電流によりホール，電子が補給される．このようにして回路に定常的に電流が流れる．

（2）　逆方向（**図 6-11**(b))：n 型に＋，p 型に－の電圧をかけると＋極に n 領域の電子が，－極に p 領域のホールが引き寄せられるが，その後，界面近傍でキャリアが欠乏する．そのため定常電流は流れない．

6.4.2　p-n 接合と整流作用　Ⅱ：エネルギー準位と電子の流れ

p-n 接合ダイオードの動作原理をエネルギー準位の変化に沿って順次説明すると，

（1）　独立に存在する n 型，p 型半導体のフェルミ準位をそれぞれ，$\varepsilon_F^n, \varepsilon_F^p$ と

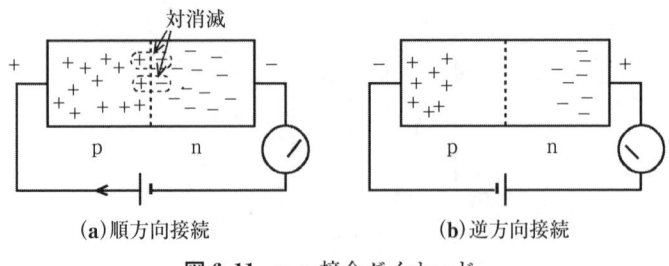

図 6-11 p-n 接合ダイオード.

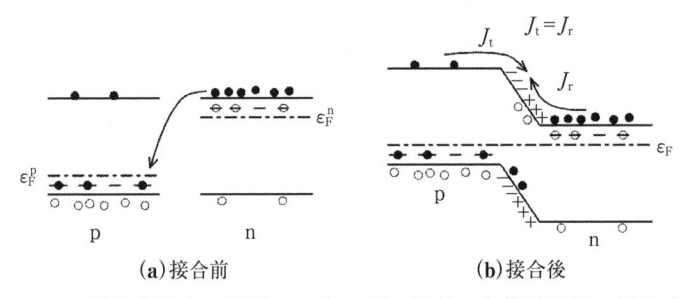

図 6-12 p-n 接合素子中の電子のエネルギー準位. 矢印は電子の流れを示す. 電流方向はこれと逆方向であることに注意！

すると，**図 6-12**(a)より，$\varepsilon_F^n > \varepsilon_F^p$ である.

（**2**）両者を接合すると，n領域からp領域へ電子が流入し，界面付近でn領域では電子欠乏層が，p領域ではホール欠乏層が生じ，n側は＋に，p側は－に帯電する．その結果，**図 6-12**(b)に示すようなポテンシャル段差が生じ，両者のフェルミ準位が一致するところで平衡状態が実現する(フェルミ準位は電子の化学ポテンシャルであることに留意).

（**3**）電圧をかけないときの電子の流れは，p領域の伝導バンドに価電子バンドから熱励起されたわずかな電子がn領域へ拡散することによる電流 J_t^0 と，n領域の伝導バンドにあるドナーから供給される大量(p領域に比べて)の電子がエネルギーバリア ΔE を越えてp領域へ進入することによる電流 J_r^0 とが釣り合い電流は流れない(**図 6-12**(b)).

(a) 順方向接合 **(b)** 逆方向接合

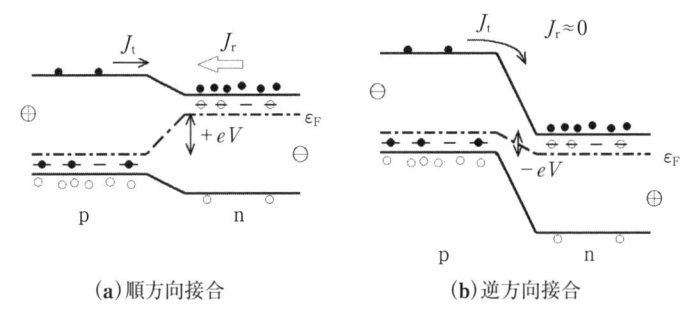

図 6-13 順方向，逆方向に電圧をかけたときの，p-n 接合ダイオード素子中の電子のエネルギー準位と電子の流れ．矢印は電子の流れを示す．電流方向はこれと逆であることに注意！

（**4**） 順方向に電圧 V をかけると，（**図 6-13**（a））J_t は変化しないが，J_r は，エネルギーバリアが $\Delta E = \Delta \varepsilon_F - eV$ と減少するので，$J_r = J_r^0 \exp(eV/k_BT)$ と増加する．したがって，順方向全電流（図 6-13（a）において左から右への電流）は，$J = J_r - J_t = J_r^0 \{\exp(eV/k_BT) - 1\}$ と急激に増加する．

（**5**） 逆方向に電圧をかけると（**図 6-13**（b）），逆にエネルギーバリアが高くなり，J_r は $J_r = J_r^0 \{\exp(-eV/k_BT)\}$ と急激に減少する．したがって，逆方向全電流（図 6-13（b）において右から左への電流）は，$J = J_r^0 \{\exp(-eV/k_BT) - 1\}$ と，微少な熱拡散電流 J_t^0 以上に電流は流れない．

（**6**） ホールの流れ：ホールに対するポテンシャルエネルギーの変化は電子の場合と逆符号になるが，同様な考察により順方向に電流が流れる．

（**7**） その結果，**図 6-14** に示すように，室温の熱エネルギー（〜0.03 eV）に相当する電圧まではほぼ電圧に比例した電流が流れるが，それ以上になると順方向のみ電流が増加し整流作用が生じる．

6.4.3 バイポーラトランジスタ（n-p-n 接合型）の原理

p 型半導体を n 型半導体でサンドイッチ状に挟んで接合したデバイスを n-p-n 型**バイポーラトランジスタ**とよぶ（その逆の場合は p-n-p 型）．ここで，**図 6-15** に示すように，各部分をその働きに応じて，左側から**エミッタ**，**ベース**，**コレク**

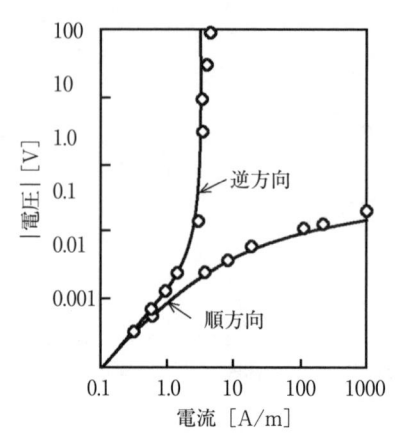

図 6-14 ゲルマニウムの p-n 接合素子の整流特性. 縦軸は電圧の絶対値 (データは Shockley による).

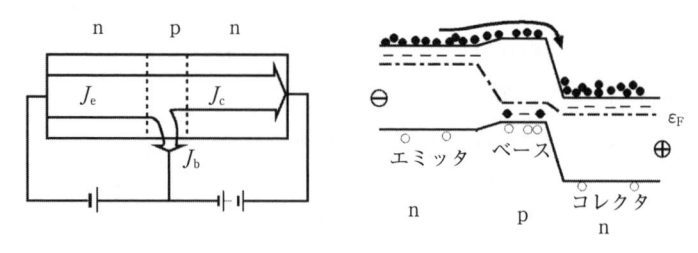

図 6-15 n-p-n 接合トランジスタの原理. 矢印は電子の流れを示す. 電流方向はこれと逆方向であることに注意！

タとよぶ. 以下, 各部分に電圧をかけたときに生じる電流を順次説明し, 電流増幅作用が生じる原理を述べる.

（1） エミッタ (n 型) にー, ベース (p 型) に＋の順方向電圧をかける. その結果, エミッタからベースに電流が流入する. ベースの領域は薄く, 多数のキャリアがベース領域で対消滅せずコレクタ領域に進入する.

（2） コレクタ-ベース間に大きな (10 V 程度) の逆方向電圧をかけておくと, （1）によりコレクタ領域に進入してきた電子が加速され電流が流れる. このコレクタ電流は (1) のベース-エミッタ電流に比べて大きく電流増幅作用が得られる (より詳しくは参考書[13]を参照).

6.4.4 その他の機能

（1）センサー

電子ホール対は熱エネルギーのみでなく，光，赤外線，X線，γ線などの電磁波によっても励起される．この作用を利用してセンサーとして使われる．
可視光：CdS，赤外線：PbS，X線：Si など

（2）発光ダイオード，半導体レーザ

p-n 接合に順方向電流を流すと接合部で電子ホール対消滅がおこる．このとき生じるエネルギーが電磁波として放出される．その波長は真性半導体のエネルギーギャップに相当し，適当な半導体を選ぶと可視光で発光する．
GaP：赤，GaN：青

（3）光電効果，太陽電池

逆に，p-n 接合部に光を当てると，電子ホール対が生じるが接合部のポテンシャル差のために電子は n 領域へ，ホールは p 領域に追いやられ起電力が生じる．

6.4.5 熱起電力

前章 5.5.2 節で述べたように，伝導体の熱起電力は，(5-39)式

$$S = -\frac{1}{e}\left[\frac{C_{\mathrm{el}}}{n} + \frac{\pi^2}{3}k_{\mathrm{B}}^2 T\left\{\frac{d\ln\mu(\varepsilon)}{d\varepsilon}\right\}_{\varepsilon=\varepsilon_{\mathrm{F}}}\right]$$

で与えられる．半導体の場合，フェルミ準位は禁制帯の中にあるので括弧内第2項の寄与は無視してよく，第1項のキャリア1個当たりの内部エネルギーが熱起電力を決める．熱励起されたキャリアは 6.2.2 節で示したように，ほぼボルツマン統計に従う古典粒子と見なしてよく，1粒子当たりの比熱は古典ガスの比熱 $(3/2)k_{\mathrm{B}}$ を使うと，絶対熱起電力 S は約 $130\,\mu\mathrm{V/K}$ と見積もることができ，フェルミ縮退状態にある金属と比べ2桁程度大きい．

図 6-16 に n 型，p 型不純物半導体の熱起電力の温度依存性を示す．室温付近の出払領域ではキャリアの電荷を反映して，p 型では正の値を，n 型では負の値

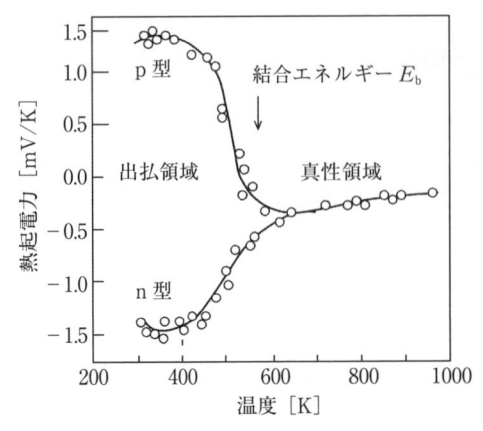

図 6-16 p型およびn型シリコン半導体の熱起電力(参考書[14] p.25)

を示す．ただし，その絶対値は上記で見積もった古典ガスの値よりずっと大きく，キャリアの励起に伴うショットキー比熱が寄与していると思われる．高温の真性領域ではほぼ古典ガスの値に近づいている．符号が負なのは，電子の移動度の方が正孔のそれより大きいためであると解釈されている．

●熱起電力の応用

半導体は金属に比べ熱起電力が2桁以上大きく，熱電発電やペルチエ効果による冷凍機・加熱機などの応用が考えられている．ただこの場合，熱起電力-ペルチエ係数が大きいだけでは不十分で，素子内部でのエネルギー損失を最小にしなければならない．発電に利用する場合を考えると，負荷抵抗Rをつないだとき，出力電力は$W=VJ=V^2/R$で与えられるので当然熱起電力Vは大きいほどよい．しかし，負荷電流Jで使用しているときの内部損失は素子の内部抵抗をrとすると，$W_{\text{loss}}=rJ^2$となるのでr，したがって材料の抵抗率ρをできるだけ小さくする必要がある．また，両端の温度差を保つために熱伝導率Kはできるだけ小さい方がよい．これらの点を考慮して，熱電材料としての性能は

$$Z=\frac{S^2}{\rho K} \tag{6-24}$$

で定義される無次元の性能指数で評価される．しかし，分母・分子のパラ

メータは互いに相反する傾向があり独立に制御することは難しい．たとえば，金属の場合 ρ は小さいが，S が小さく実用材料としては使えない．半導体の場合は S は大きく，かつ Z は S の2乗に比例するので有利であるが，ρ や K をできるだけ小さくするのが課題となっている（詳しくは参考書[15]参照）．

演習問題 6-1 p型半導体の低温でのフェルミ準位(6-20)式を導出せよ．

7

磁　性

　磁性，特に強磁性は，小学生の頃の理科で，鉄は磁石にくっつくが，銅やアルミはくっつかないことを学び，現代生活を支える重要な物質の1つであることを習う．だが，さてそれが何故だろう？　という疑問には誰も答えてくれなかったのではなかろうか？　その理由として，磁性の発現は電子のスピン角運動量や交換相互作用など量子力学を抜きにしては理解できない問題を含んでいるから，といってもいいだろう．したがって，本格的に学ぶには多くの紙数を要するが，ここではあくまで固体電子論の一部として要点のみを紹介する．なお，さらに詳しくは拙著「磁性入門」[16]を参考にされたい．

7.1　磁性の基礎

7.1.1　強磁性体

　まず，どんな物質が室温で磁石にくっつき(強磁性体)あるいはくっつかないかを調べてみよう．

　表7-1を見ただけでも，いろいろなこと，不思議なことがわかる．列挙すると，(i)単体で強磁性になるものは鉄，ニッケル，コバルトのみである．(ii)それらの合金も強磁性になる．(iii)ステンレスはFe，NiにCrを加えたものであるが，bccだと強磁性に，fccだと非強磁性となる．(iv)MnとAlはどちらも単体だと非強磁性であるが，合金にすることで強磁性になる．(v)鉄の酸化物には強磁性(正確にはフェリ磁性，後述)となるものが多い．(vi)3価の酸化鉄は化学式は同じだが，六方晶(ヘマタイト)だと非強磁性で，立方晶(マグヘマイト)だと強磁性となる．そして，全体を見渡すと，(vii)強磁性になるものは必ず遷移金属元素を含んでいる．(viii)遷移金属を含んでいても強磁性にならないものは多い．

表7-1　強磁性物質と非強磁性物質.

	磁石にくっつく（強磁性体）	くっつかない（非強磁性体）
金　属	Fe, Ni, Co	Al, Cu, Mn, Cr …
合　金	Fe-Ni, Fe-Co, Ni-Co ステンレス（Fe-Ni-Cr） （刃物用 bcc） Mn-Al 磁石	高級ステンレス（fcc）
金属間化合物	$SmCo_5$（サマリウム磁石） $Nd_2Fe_{14}B$（ネオジム磁石）	
酸化物	Fe_3O_4（マグネタイト） γ-Fe_2O_3（マグヘマイト） $BaO \cdot 6Fe_2O_3$（Ba フェライト）	α-Fe_2O_3（ヘマタイト）
化合物	一部の遷移金属化合物	ほとんどすべて
有機化合物	なし	

といったことが見てとれる．これらの現象を解き明かす前に，すこし磁性の基礎を復習しておく．

7.1.2　磁性に関する諸量と表示

　磁性に関する諸量の定義とそれらの間の関係式は採用する単位系により異なるので注意しなければならない．現在，電磁気学においては，磁荷，したがって，磁荷と長さの積としての磁気モーメントを認めない立場の国際標準単位であるSI単位系(MKSA　E-B 対応)を採用するのが一般的であるが，これでは強磁性体の性質を理解するには不便で，磁性関係のテキストでは E-H 対応の MKSA 単位系や cgs 単位系が採用されているものも多く，またデータ集も cgs 単位の値しか載せていないものが多い．本書では慣例に従い E-H 対応の MKSA 単位系を用いる．

　磁場(磁界) H(単位 A/m)

　磁気モーメント M(単位 Wb m)：磁石の強さを表す量．磁荷は電荷と異なり必ず正磁極($+m$)と負磁極($-m$)が対で現れる．図7-1 に示すように，$-m$ 極と $+m$ 極を結ぶベクトルを l とすると $M = m\,l$ で定義されるベクトルである．以後，矢印で表す．

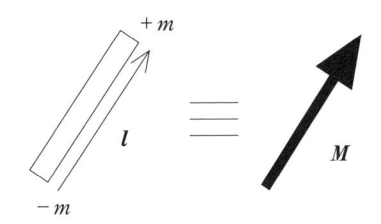

図 7-1 磁気モーメント(E-H 対応 MKS 単位系).両端に現れる磁極の大きさ m に長さベクトル l をかけたベクトルで表せる.

磁化 I(単位 Wb/m^2):単位体積当たりの磁気モーメント.単位質量当たりの磁気モーメントは σ で表すことが多い.

磁化率 χ(単位 H/m):通常,磁化は磁場をかけることによりその方向に誘起される.$I=\chi H$ と書いたときの比例係数を磁化率(帯磁率)とよぶ.

比磁化率 $\bar{\chi}$(無次元数):$\chi=\bar{\chi}\,\mu_0$

磁束密度 B(単位 T):$B=\mu_0 H + I$ 誘導起電力に関係するので電気工学で重要.SI 単位系では $B=\mu_0(H+I)$,cgs 単位系では $B=H+4\pi I$(μ_0 は真空の透磁率)

透磁率 μ(単位 H/m):$B=\mu H$

比透磁率 $\bar{\mu}$(無次元数):$\mu=\bar{\mu}\,\mu_0$

7.1.3 強磁性体の特徴

(**1**) 自発磁化(I_s)の存在:強磁性体は小さな磁場をかけただけで大きな磁化が発生する.$H\to 0$ に外挿した値を自発磁化とよぶ(**図 7-2**).

(**2**) キュリー(Curie)温度(T_C):自発磁化は温度とともに減少しキュリー温

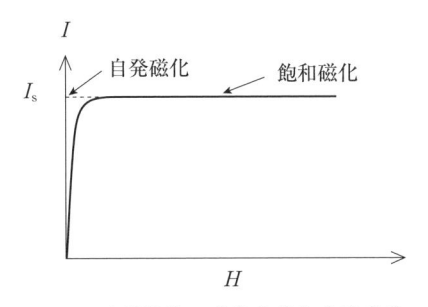

図 7-2 強磁性体の磁化曲線と自発磁化.

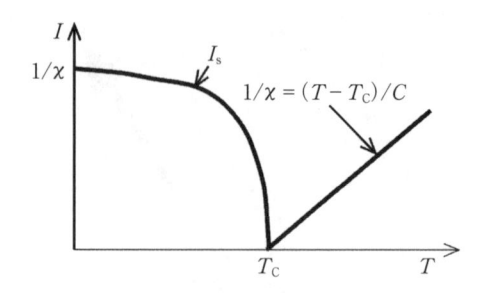

図 7-3 自発磁化の温度依存性とキュリー-ワイス則.

度で急激に 0 となる.

（3）キュリー-ワイス (Curie-Weiss) 則：キュリー温度以上では磁化率は $\chi = C/(T-T_C)$ で与えられる.

7.1.4 ミクロに見たいろいろな磁性

強磁性を示す物質には鉄属遷移金属が含まれている必要があった．これは，遷移金属原子が一般にそれ自身磁気モーメント（原子磁気モーメント）をもつからである．その配列により，強磁性だけでなくいろいろなタイプの磁性が発生する．以下に，概念図により説明する．

（1）強磁性体

原子磁気モーメント間に互いに平行になろうとする強い力（交換力）が働く．その結果，すべての原子が同一方向に向きそのベクトル和として自発磁化が発生する．

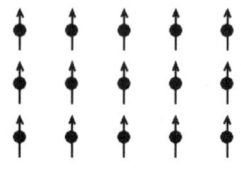

（2）反強磁性体

原子磁気モーメントが互いに反平行に整列．自発磁化は存在せず，温度を降下させたとき整列が始まる温度（ネール温度 T_N）で磁化率に鋭いピークが生じる．T_N 以上ではキュリー-ワイス則 $(\chi = C/(T+\Theta))$ に従う.

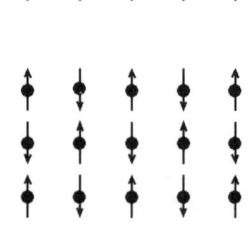

例：MnO, α-Fe$_2$O$_3$

（3） フェリ磁性体

大きさの異なった原子磁気モーメントが互いに反平行に整列する．その結果，差分が自発磁化として現れる．キュリー温度以上の磁化率はキュリー-ワイス則に従わない．

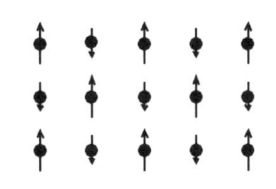

例：$Fe^{2+}Fe_2^{3+}O_4$（マグネタイト），$M^{2+}Fe_2^{3+}O_4$（スピネルフェライト）

（4） 常磁性体

原子磁気モーメント間の相互作用が弱く，向きが（空間的，時間的に）バラバラ．磁化率はキュリーの法則 $\chi = C/T$ に従う．

例：鉄属遷移金属イオンを含む塩，$FeSO_4$ など

（5） 反磁性

構成原子が原子磁気モーメントをもたない．磁石にわずかに反発する（$\chi < 0$）．

例：大部分の無機化合物（イオン結晶），有機化合物（共有結合）

（6） パウリ常磁性

伝導電子の磁性．温度に依存しない小さな磁化率を示す．大部分の金属．

（7） その他の磁性

原子磁気モーメントの配列パターンは三角配置，らせん配置など無数に存在する．

7.2 原子磁気モーメント(局在磁気モーメント)の起因

7.2.1 磁気モーメントの素因
(1) 電子の軌道運動による磁気モーメント
　$-e$ の電荷をもつ電子の軌道運動(原子核の周りの回転運動)は図 7-4 に示すようにコイルに流れる電流と見なせる．この電流は周辺に磁場を発生するが，この磁場の空間分布は，少し離れたところで観測すると，中心においた小さな磁気モーメント μ_l がつくるそれに等しく，軌道電流を等価な磁気モーメントと見なせる．この場合，当然，＋磁極と－磁極が対をなして生じることが理解できる．また，その大きさは，ボーアの古典量子論，古典電磁気学により計算すると，取り得る最小の軌道角運動量 $\hbar$ (方位量子数 $l=1$)に対して

$$\mu_l = -\frac{\mu_0 e\hbar}{2m} = -\mu_B \tag{7-1}$$

となる．$\mu_B = e\hbar\mu_0/2m = 1.165\times 10^{-29}$ Wb m はボーア磁子数とよばれる(SI 単位系では $\mu_B = 9.274\times 10^{-24}$ J/T)．なお，結晶中に原子があるときは軌道運動が周りの原子に邪魔され消失することが多い．すなわち，$\langle l_z \rangle = 0$ と z 成分も 0 になり磁性に寄与しなくなる．これを，軌道角運動量の凍結とよび，結晶中の鉄属遷移金属の磁性の原因は主として以下のスピン角運動量に起因する．

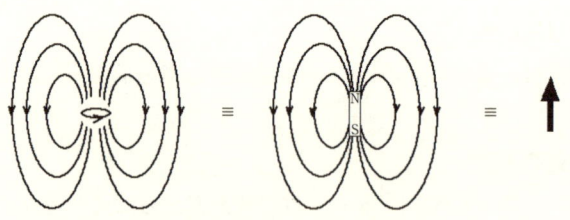

図 7-4　電子の軌道運動がつくる磁気モーメント．

(2) 電子の自転(スピン角運動量)に伴う磁気モーメント
　電子は常に自転をしており，電荷をもつ粒子が自転しているわけなのでやはり磁気モーメントを伴う．その大きさを古典論で計算するのは不可能であるが，や

はり $\mu_s = \mu_B$ である．ここでは，電子の電荷 $-e$，質量 m とともに電子の基本的性質と理解しておこう．

7.2.2 量子力学での角運動量（ベクトル・モデル）

古典力学での角運動量はコマの回転のように，回転軸と回転方向（時計回り，反時計回り）で決まる方向と，［回転数×慣性モーメント］の大きさをもつベクトルである．電子の回転運動は量子力学が支配する世界なので，大きさや方向に制限が生じる．角運動量も運動量と同じく本来演算子であるが，ここでは簡単のため，$\hbar \boldsymbol{j}$ で表せるベクトルと考えておく．ただし，単純なベクトルではなく，j を整数または半整数（1/2, 3/2, …）とすると，その絶対値（ベクトルの長さ）は $\sqrt{j(j+1)}\,\hbar$，z 方向（磁場方向）成分 j_z は $m\hbar$（$m=-j, -j+1, \cdots, j$）と，$2j+1$ 個の値しか取れず，x, y 方向成分は不定で平均値は $\langle j_x \rangle = \langle j_y \rangle = 0$ という性質をもつ．図 7-5 はこの性質をイメージ化したものであり，角運動量のベクトル・モデルとよばれている．軌道角運動量の場合 j は正整数で，l で表す．スピン角運動量は $j=1/2$ で s で表す．したがって，取り得る z 方向成分 s_z は $\pm(1/2)\hbar$ の 2 つ

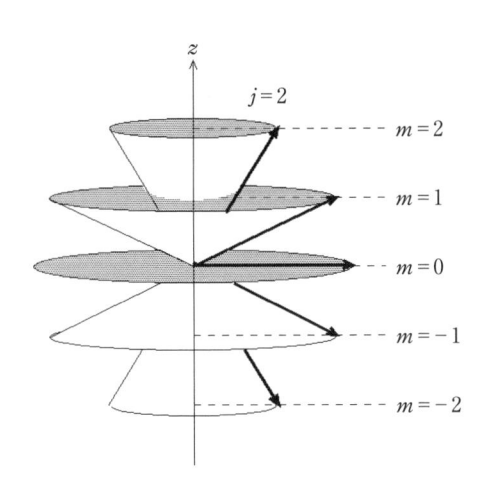

図 7-5 量子力学における角運動量を表すベクトル・モデル．$j=2$ の場合．z 方向（たとえば磁場をかけた方向）成分は $m_z = (-2, -1, 0, 1, 2)\hbar$ と $2j+1$ 個の値を示すが x, y 方向成分は不確定で，平均は 0 である．

のみである．そのため＋スピン，−スピン，あるいは上向きスピン（upspin）下向きスピン（downspin）とよばれる．

7.2.3 磁気モーメントと角運動量の関係 —g因子—

原子磁気モーメント（μ）は電子の回転運動に起因するので，そのベクトルは角運動量ベクトルに比例する．すなわち，$\mu=g_J j\mu_B$ と書ける．軌道角運動の場合は，$j=l=1$ のとき $\mu_l=\mu_B$ だったので，$g_J=1$，スピンの場合は $j=s=1/2$ に対して，$\mu_S=\mu_B$ なので，$g_J=2$ となる．この値のことを g **因子**とよぶ．

7.3 鉄属遷移金属イオンの電子構造と磁気モーメント

7.3.1 電子配置

原子が磁気モーメントをもつためには遷移金属が含まれる必要があることを示したが，ここでは具体的に，3d 軌道に 2 個電子が入っている Ti^{2+} イオンについてその理由を考える．

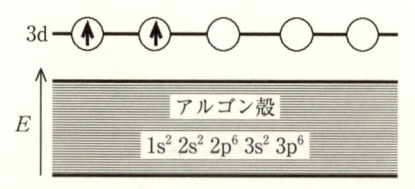

図 7-6 Ti^{2+} の電子配置．5つの d 軌道は，磁気量子数 $m=0, \pm1, \pm2$，または $d_{xy}, d_{yz}, d_{zx}, d_{x^2-y^2}, d_{z^2}$ で区別される．

Ti 原子の電子配置は $[1s^2 2s^2 2p^6 3s^2 3p^6] 3d^2 4s^2$ である．ここで，[ ] 内はアルゴン閉殻．Ti^{2+} イオンは $4s^2$ 電子が放出され，アルゴン閉殻外に 2 個の d 電子が価電子として存在する．その様子を**図 7-6** に示す．d 軌道は 5 個あり，各軌道に 2 個合計 10 個の電子が収容できる．それらの軌道は縮退しているので，2 個の電子のスピン方向は ↑↑，↑↓ のどちらでも入り得る．原子スペクトルの研究からフント（Hund）は以下のような経験則を見いだした．

7.3.2 フントの規則(自由原子の場合)

（**1**） 軌道縮退がある場合は，パウリの禁律の許す限り，電子スピンは平行になろうとする(第1規則)．したがって，Ti^{2+} の場合，2個の電子は平行となり，$S=\frac{1}{2}+\frac{1}{2}=1$ の合成スピン角運動量をもつ．

（**2**） どの軌道($m=0, \pm 1, \pm 2$)を占めるかについては，m の和($=L$)が最大になるように入る．Ti^{2+} の場合，$L=2+1=3$ となる．

7.3.3 スピン-軌道相互作用と全角運動量

フントの規則により結合した合成スピン角運動量 S と合成軌道角運動量 L はさらにスピン-軌道相互作用により結合し全角運動量 J を形成する．結局，自由原子の角運動量は $\hbar J$ となる．

このとき，電子数4個までは L と S は逆方向に結合し $J=|L-S|$ と，6個以上は同一方向に結合し $J=L+S$ となる．原子磁気モーメントは J に比例し，

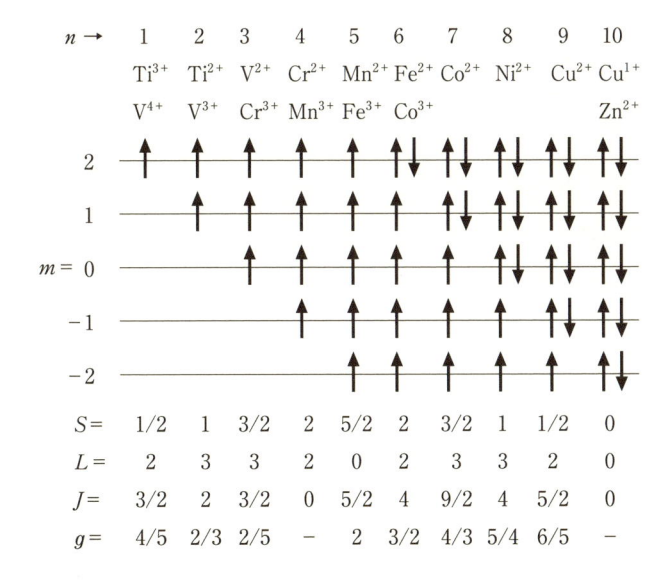

$n \rightarrow$	1	2	3	4	5	6	7	8	9	10
	Ti^{3+}	Ti^{2+}	V^{2+}	Cr^{2+}	Mn^{2+}	Fe^{2+}	Co^{2+}	Ni^{2+}	Cu^{2+}	Cu^{1+}
	V^{4+}	V^{3+}	Cr^{3+}	Mn^{3+}	Fe^{3+}	Co^{3+}				Zn^{2+}
$S=$	1/2	1	3/2	2	5/2	2	3/2	1	1/2	0
$L=$	2	3	3	2	0	2	3	3	2	0
$J=$	3/2	2	3/2	0	5/2	4	9/2	4	5/2	0
$g=$	4/5	2/3	2/5	–	2	3/2	4/3	5/4	6/5	–

図 7-7　3d 遷移金属の電子配置と各種角運動量，g 因子．

$\mu = g_J \boldsymbol{J} \mu_B$ と書け，g 因子は

$$g_J = \frac{3}{2} + \frac{S(S+1) - L(L+1)}{2J(J+1)} \tag{7-2}$$

で与えられる(証明略).

その結果，3d 遷移金属の電子・スピン配置，L，S，J および g 因子は**図 7-7** のようになる.

7.3.4　パウリの原理と交換相互作用 ―フントの規則の原因―

フントの規則は経験的に導かれたものであるが，その第 1 規則は電子間の交換力によって説明できる.

交換力は電子の基本的性質が関わる量子力学的な力で，これが磁性の理解を難しくしている原因ともいえる.

その基本的性質とは『パウリの原理』といわれるもので，2 個の電子が存在している場合『2 電子波動関数は粒子の入れ替えに対して反対称(波動関数の符号のみが変わる)でなければならない』というものである．これだけではよくわからないと思うが，その具体的な表現の1つは『1つの軌道(波動関数)には+スピン，-スピンの2個の電子しか入らない』すなわち，『パウリの排他律』としてよく知られているものである．交換力の原因は，もう1つの表現である『同一スピン方向をもつ2個の電子は同じ位置を占めることができない』というものである.

イメージとしては**図 7-8** に示すように，同一スピン電子が運動するときは互いに避け合って運動するといってもいいであろう．それに対して，逆向きスピンの電子の場合は互いに衝突することも許されている．一方，2つの電子はクーロン力によって反発しておりポテンシャルエネルギーが高い状態にあるが，同一方向

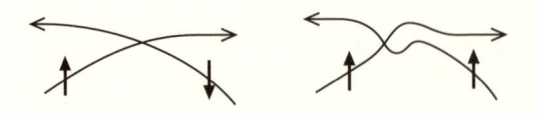

図 7-8　平行，反平行スピン電子の運動．平行スピンの場合互いに避け合って運動する(交換力の原因)．ただし，避け合うのは反発力によるのではなく波動関数の性質に由来するものであることに注意.

7.3 鉄属遷移金属イオンの電子構造と磁気モーメント

(a)
2s, 2p
1s
$E_{\uparrow\downarrow} < E_{\uparrow\uparrow}$

(b)
2重縮退
$E_{\uparrow\downarrow} > E_{\uparrow\uparrow}$

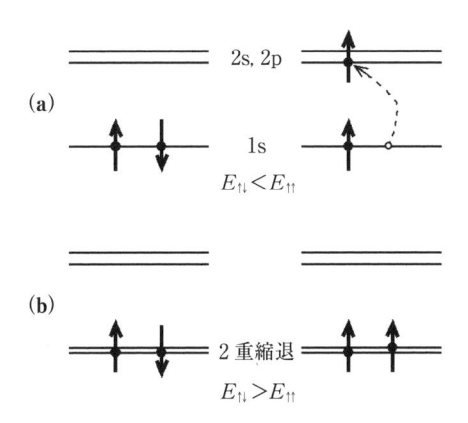

図 7-9 （a）基底状態に縮退がない場合と，（b）2重縮退がある場合の2個の電子の入り方．縮退がある場合は異なった軌道を同一スピン方向の電子が占有した方が互いに接近する確率が低く静電反発エネルギーは低い（フントの第1規則の原因）．共有結合の場合などで＋，－スピン電子が電子対をつくるのは結合軌道に縮退がないためであることに注意！

スピンの場合，近接する確率が，逆方向スピンに比べ低いため，クーロンエネルギーの損が少なくなる．このエネルギーの差が『交換エネルギー』であり，これによってスピンが同一方向に向こうとする力が生じる．

化学結合の理論などを学んでいると，電子は逆スピンでペアをつくる方が安定だと思っている人も多いと思うが，これは基底状態に縮退がない場合，パウリの禁律によりやむを得ず逆スピン対をつくるのであり（**図 7-9**（a）），基底状態が縮退している，あるいは近接したエネルギー準位がある場合は異なった軌道を同一スピン方向の電子が占有した方がエネルギーは低い（図 7-9（b））．これがフントの規則の原因である．

定量的には，2つの軌道の波動関数を $\varphi_a(\boldsymbol{r})$，$\varphi_b(\boldsymbol{r})$ とすると，クーロン斥力によるポテンシャルエネルギーの増加は，反平行スピン対，平行スピン対について，各々，

$$E_{\uparrow\downarrow} = K + J_{ex}, \quad E_{\uparrow\uparrow} = K - J_{ex} \tag{7-3}$$

$$K = \iint \varphi_a{}^*(\boldsymbol{r}_1)\varphi_a(\boldsymbol{r}_1) \frac{e^2}{4\pi\varepsilon_0|\boldsymbol{r}_1-\boldsymbol{r}_2|} \varphi_b{}^*(\boldsymbol{r}_2)\varphi_b(\boldsymbol{r}_2) d\boldsymbol{r}_1 d\boldsymbol{r}_2$$

$$= \iint \rho_a(\boldsymbol{r}_1) \frac{e^2}{4\pi\varepsilon_0|\boldsymbol{r}_1-\boldsymbol{r}_2|} \rho_b(\boldsymbol{r}_2) d\boldsymbol{r}_1 d\boldsymbol{r}_2 \tag{7-4}$$

$$J_{ex} = \iint \varphi_a{}^*(\boldsymbol{r}_1)\varphi_a(\boldsymbol{r}_2) \frac{e^2}{4\pi\varepsilon_0|\boldsymbol{r}_1-\boldsymbol{r}_2|} \varphi_b{}^*(\boldsymbol{r}_2)\varphi_b(\boldsymbol{r}_1) d\boldsymbol{r}_1 d\boldsymbol{r}_2 \tag{7-5}$$

と書ける．K は電子密度 $\rho_a(\boldsymbol{r})$, $\rho_b(\boldsymbol{r})$ で分布する 2 つの電子の平均クーロンエネルギーでありクーロン積分とよばれる．J_{ex} は φ_a と φ_b の座標変数，$\boldsymbol{r}_1$, $\boldsymbol{r}_2$ を交換した積分であり，交換積分とよばれる量子力学特有のポテンシャルである．エネルギー差は $2J_{ex}$ となり，原子内の軌道関数 φ_a, φ_b については常に正の値を与え，$E_{\uparrow\uparrow} < E_{\uparrow\downarrow}$ が成り立つ．これがフント第 1 則の起因であり，交換力とよばれる所以である．

なお，フント第 2 則についても，クーロンエネルギーの違いによるものだが，簡単には定式化できない．

7.4 常磁性体

7.4.1 磁化率の温度依存性（キュリーの法則）

磁気モーメント間に相互作用がなければ当然強磁性にはならず自発磁化はない．外部から磁場をかけることにより初めて磁化が誘起される．すなわち，常磁性体となる．ここでは統計熱力学により磁化率の温度依存性を導出する．

古典論では，磁場中におかれた磁石のポテンシャルエネルギーは，$U = -|M|H\cos\theta$（θ は磁場と磁気モーメントのなす角），すなわち，磁気モーメントの磁場方向成分と磁場の積で与えられる．磁場方向を z 軸に取れば，$U = -M_z H$ と書ける．原子磁気モーメントの場合，z 成分は角運動量が取り得る値に応じて $\mu_z = -mg\mu_B$: $m = -J, -J+1, \cdots, J$ の $2J+1$ 個の値を取る．したがって，ポテンシャルエネルギーは $U_m = -mg_J\mu_B H$ となる．今，簡単のため，$J = S = 1/2$, $g_J = 2$ の場合，つまり 1 個のスピンのみをもつ N 個の原子からなる結晶の磁化率を計算する．ここで，磁気モーメントが磁場方向を向いた原子を＋と定義する．エネルギー準位は，$\varepsilon_+ = -\mu_B H$, $\mu_- = \mu_B H$ の 2 準位であり＋状態，

一状態を取る確率はボルツマン分布に従い

$$p_+ = \exp(\mu_B H/k_B T)/Z, \quad p_- = \exp(-\mu_B H/k_B T)/Z \tag{7-6}$$

$$Z = \exp(\mu_B H/k_B T) + \exp(-\mu_B H/k_B T) \tag{7-7}$$

平均磁気モーメントは

$$M = N\mu_B(P_+ - P_-)$$

$$= N\mu_B \frac{\exp(\mu_B H/k_B T) - \exp(-\mu_B H/k_B T)}{\exp(\mu_B H/k_B T) + \exp(-\mu_B H/k_B T)}$$

$$= N\mu_B \tanh\left(\frac{\mu_B H}{k_B T}\right) \tag{7-8}$$

と求まる．実験室レベルの磁場 $H = 10^5$ A/m では，$\mu_B H \approx 1.2 \times 10^{-24}$ J ≈ 0.1 K とかなり低温まで $\mu_B H \ll k_B T$ が成り立ち，$\tanh x \sim x (x \ll 1)$ より

$$M = N\mu_B \frac{\mu_B}{k_B T} H \Rightarrow \chi = \frac{M}{H} = \frac{N\mu_B^2}{k_B T} = \frac{C}{T} \tag{7-9}$$

と磁化率は温度に反比例する．すなわちキュリーの法則が成り立つことがわかる．

●一般の J の場合

一般の J の場合も同様に計算できるがすこし面倒なので結果のみを記すと

$$M = Ng_J \mu_B J B_J\left(\frac{g_J \mu_B JH}{k_B T}\right) \tag{7-10}$$

ここで，$B_J(x)$ は**ブリルアン**(Brillouin)**関数**とよばれ，次式で与えられる．

$$B_J(x) = \frac{2J+1}{2J} \coth\left(\frac{2J+1}{2J}x\right) - \frac{1}{2J}\coth\left(\frac{x}{2J}\right) \tag{7-11}$$

x で展開すると

$$B_J(x) \approx \frac{J+1}{3J}x - \frac{1}{45}\frac{(J+1)\{(J+1)^2 + J^2\}}{2J^2}x^3 + \cdots \tag{7-12}$$

となる．この関数は，$\tanh(x)$ と同様，$x \ll 1$ で直線，$x \to \infty$ で 1 に漸近する単調増加関数である．したがって，$g_J \mu_B JH \ll k_B T$ では

$$M = \frac{Ng_J^2 \mu_B^2 J(J+1)}{3k_B T} H \Rightarrow \chi = \frac{M}{H} = \frac{C}{T} \tag{7-13}$$

とキュリーの法則が導ける．ここで，キュリー定数 C は

$$C = \frac{Ng_J^2\mu_B^2 J(J+1)}{3k_B} = \frac{N\mu_B^2 p^2}{3k_B}, \quad p = g_J\sqrt{J(J+1)} \tag{7-14}$$

p は有効ボーア磁子数とよばれ，磁化率の温度依存性を測定すれば実験的に求まる量である．

7.4.2 遷移金属イオン結晶の有効磁子数と軌道凍結

(7-13)，(7-14)式より，モル当たりの磁化率を測定し，その逆数をプロットすると直線に乗り，その勾配から有効ボーア磁子数が求まる．表 7-2 に，鉄属遷移金属についての実験値と，理論値，および $J=S$, $g_J=2$, $(L=0)$ としたときの計算値を示す．

表 7-2 鉄族イオンの有効ボーア磁子数．実験値および 2 つの理論値．

3d 電子数	イオン	p（実験値）	$g_J\sqrt{J(J+1)}$	$2\sqrt{S(S+1)}$
1	V^{4+}	1.8	1.55	1.73
2	V^{3+}	2.8	1.63	2.83
3	V^{2+} Cr^{3+} Mn^{4+}	3.8 3.7 4.0	0.77	3.87
4	Cr^{2+} Mn^{3+}	4.8 5.0	0	4.9
5	Mn^{2+} Fe^{3+}	5.9 5.9	5.92	5.92
6	Fe^{2+}	5.4	6.7	4.9
7	Co^{2+}	4.8	6.63	3.87
8	Ni^{2+}	3.2	5.59	2.83
9	Cu^{2+}	1.9	3.55	1.73

この表を見て明らかなことは，実験値は図 7-7 で示したフント則による理論値よりも，スピン磁気モーメントのみが原子磁気モーメントに寄与するとした計算値とほぼ一致するということである．すなわち，軌道角運動量は消失している．これを，軌道角運動量の凍結という．

鉄族イオンで軌道角運動量が0となる理由は，軌道角運動量を担う3d電子の波動関数が比較的原子の外側に分布し，周りの陰イオンに回転運動が邪魔されるためである．一方，ここでは示していないが，磁気モーメントをもつもう1つのシリーズである希土類元素では磁性を担う4f電子の波動関数は比較的原子の内部に分布し周りのイオンの影響をあまり受けない．その結果，軌道運動は凍結せず Pr^{3+}，Sm^{3+}，Eu^{3+} などの例外を除いてはほぼフント則による計算値と合致する有効ボーア磁子数をもつ．

7.5 強磁性体と反強磁性体

7.5.1 原子間交換相互作用 —強磁性の原因？—

フント第1則の起因が，原子内電子の交換力の結果であることを学んだが，異なった原子に分布する電子間にも当然交換力，すなわちスピン方向の違いによるクーロンエネルギーの差が生じる．広い意味では，これが強磁性あるいは反強磁性の原因といって差し支えないが，その値の見積もりはかなり難しい問題である．よく，引き合いに出されるのが水素分子における交換エネルギーである．この場合，原子a, bの1s波動関数を，それぞれ φ_a, φ_b とすると，(7-5)式に相当する交換積分は

$$J_{ex} = \frac{e^2}{4\pi\varepsilon_0} \iint \varphi_a^*(\boldsymbol{r}_1)\varphi_a(\boldsymbol{r}_2) \left(\frac{1}{r_{12}} - \frac{1}{r_{a1}} - \frac{1}{r_{b1}} - \frac{1}{r_{a2}} - \frac{1}{r_{b2}} + \frac{1}{R_{ab}} \right) \varphi_b^*(\boldsymbol{r}_2)\varphi_b(\boldsymbol{r}_1) d\boldsymbol{r}_1 d\boldsymbol{r}_2 \qquad (7\text{-}15)$$

となる．ここで，r_{12} などの定義は図 **7-10** に示す．

水素分子の場合，(7-15)式の括弧内第2項，第3項の寄与が大きく，$J_{ex} < 0$，したがって(7-3)式より，$E_\downarrow < E_\uparrow$ となる．これは，電子密度が原子核の中間に濃く分布する結合軌道がより安定な軌道をつくることに相当し，そのときのスピン方向は互いに逆向きで，いわゆるスピン対をつくって共有結合軌道を形成する．

なお，このときの交換相互作用を直接交換相互作用という．ハイゼンベルグは鉄のような遷移金属の場合，適当な原子間距離では $J_{ex} > 0$ の場合もあり得ると

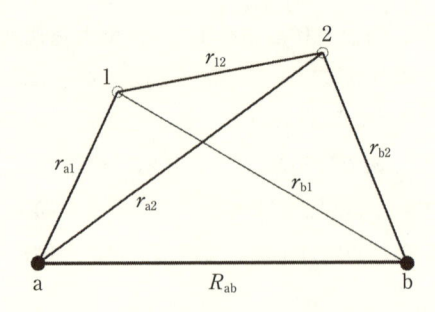

図 7-10 (7-15)式における r, R の定義. a, b は原子核, 1, 2 は電子の位置を示す.

して，これを強磁性の原因と考えた．そして，a 原子，b 原子にある電子の合成スピン角運動量を S_1, S_2 とし，それらの間の相互作用エネルギーを

$$\mathcal{H} = -2J_{12}S_1 \cdot S_2 \tag{7-16}$$

で表した．これを，ハイゼンベルグ・ハミルトニアンとよび，強磁性理論の出発点としてしばしば使われる．本来 S_1, S_2 は（スピン）演算子であるが，ここでは(7-16)式を（スピン）ベクトルの内積として扱う．当然，$J_{ex} > 0$ であれば，S_1, S_2 が同一方向，すなわち強磁性になろうとする力（交換力）を与える．

ただし，コンピュータの発達により，(7-15)式を Fe や Co について正確に計算すると，$J_{ex} > 0$ とはならず，直接交換相互作用がこれら金属の強磁性の原因とは考えられなくなった．ただし，広い意味で交換相互作用が強磁性の原因であることには変わりなく，最近ではバンド計算により正しい値が得られている．

7.5.2　磁化の温度依存性とキュリー温度 —ワイスの分子場理論—

(7-16)式は原子対間の相互作用であり，結晶内には無数の原子対が存在する．ワイス(Weiss)は相互作用の平均値を分子場という形に置き換えた．すなわち，**図 7-11** に示すように，中心の磁気モーメントに働く力を周りの磁気モーメントの和 M に比例する磁場（分子場）と見なした．すなわち，$H_m = \alpha M$（α：分子場係数）を導入した．最近接原子（z 個）対間のみ交換積分 J_{ex} で相互作用する場合，分子場係数は，$\alpha = 2J_{ex}z/Ng_J^2\mu_B^2$ となる[16]．

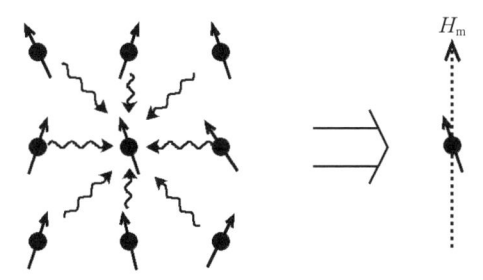

図 7-11　分子場の概念図．中心の原子の磁気モーメントが周りの原子のスピンとの交換相互作用によって受ける互いに平行になろうとする力を，平均磁化 M に比例する磁場として近似する．

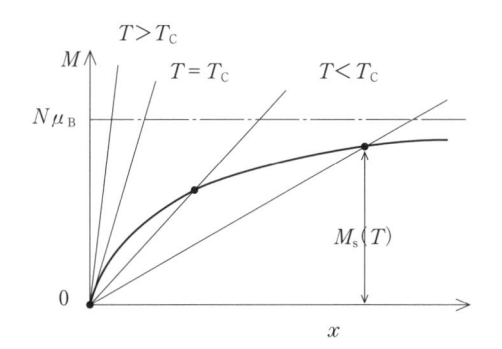

図 7-12　分子場モデルのグラフ解．

（1）　自発磁化の温度依存性

$S=1/2$ の場合について，外部磁場 H の代わりに，分子場 H_m を (7-8) 式に代入すると（一般の J については (7-10) 式）

$$M = N\mu_\mathrm{B}\tanh\left(\frac{\alpha\mu_\mathrm{B}M}{k_\mathrm{B}T}\right) \tag{7-17}$$

という M を変数とする方程式が得られる．$x=\alpha\mu_\mathrm{B}M/k_\mathrm{B}T$ と置くと，方程式 (7-17) は $M=N\mu_\mathrm{B}\tanh x$ と直線 $M=(k_\mathrm{B}T/\alpha\mu_\mathrm{B})x$ の交点としてグラフ的に求まる．直線の勾配は温度に比例し，曲線の原点における勾配 $N\mu_\mathrm{B}$ に一致するとき $x=M=0$ の二重解となり，それ以上の温度では $M=0$ のみが解となる．すなわち，キュリー温度は，$N\mu_\mathrm{B}=k_\mathrm{B}T_\mathrm{C}/\alpha\mu_\mathrm{B}$ より，$T_\mathrm{C}=\alpha N\mu_\mathrm{B}^2/k_\mathrm{B}$ と求まる．一般の J

については

$$T_C = \frac{\alpha N g_J^2 \mu_B^2 J(J+1)}{3k_B} = \frac{\alpha N p^2 \mu_B^2}{3k_B} \tag{7-18}$$

となる．

Ni の実験値と，$J=1/2$，$J=1$ の計算値を図 7-13 に示すが，$J=1/2$ の計算値とよい一致を示すことがわかる．

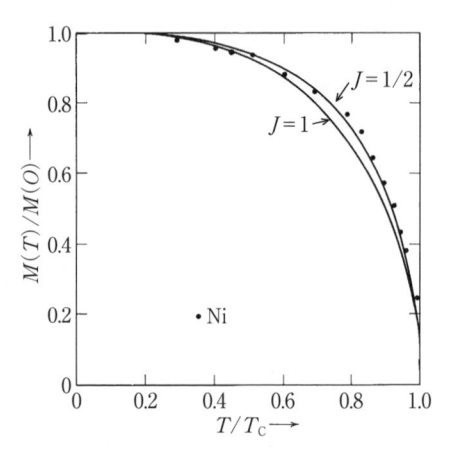

図 7-13 Ni の磁化温度曲線と $J=1$，$J=1/2$ に対する計算値．

（2） キュリー-ワイス則

$T>T_C$ では，外部磁場 H によって磁化が誘起される．磁性体に作用する有効磁場は分子場も加わり $H_{\text{eff}}=H+\alpha M$ なので，相互作用のないときの磁化率を $\chi_c=C/T$ とすると

$$M = \frac{C}{T}(H+\alpha M) \Rightarrow M = \frac{C}{T-\alpha C}H \tag{7-19}$$

したがって

$$\chi = \frac{M}{H} = \frac{C}{T-\alpha C} = \frac{C}{T-T_C} \tag{7-20}$$

とキュリー-ワイス則が導かれる．

7.5.3 反強磁性，フェリ磁性の分子場理論

7.1.4 節で述べたように，反強磁性体は同じ大きさの上向き磁気モーメントと下向きモーメントが逆方向整列した状態であり，フェリ磁性体は大きさの異なる磁気モーメントが逆方向整列した状態である．3次元結晶では，たとえば bcc 結晶の場合，コーナーサイト（A サイト）が上向き（＋），体心サイト（B サイト）が下向き（－）モーメントをもつと考えればよい．これらの場合に分子場モデルを適用するとき，A サイト，B サイトを副格子に分け，副格子磁化ベクトル M_A, M_B，副格子内分子場係数 α, β，副格子間分子場係数 $-\gamma(\gamma>0)$ を定義すると，各副格子に作用する分子場（ベクトル）H_A, H_B は，

$$H_A = H + \alpha M_A - \gamma M_B$$
$$H_B = H - \gamma M_A + \beta M_B$$
(7-21)

と書ける．ここで，H は外部磁場で上向きにかける（**図 7-14**）．反強磁性体の場合は，$\alpha=\beta$，$M_B=-M_A$ である．強磁性体の場合と同じ手法で，副格子磁化（強磁性体の自発磁化に相当）や，磁化率が計算できるがここではその主要な結果のみを記す．

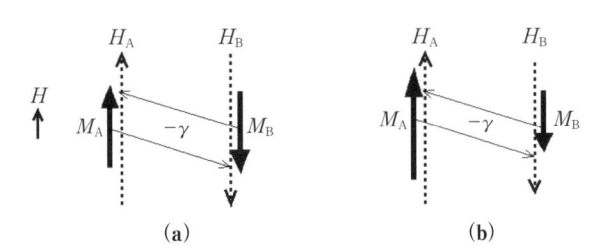

図 7-14 （a）反強磁性体と（b）フェリ磁性体の分子場の概念図．

（1） 反強磁性体

副格子磁化：強磁性体と同じ温度依存性を示す．ただし

$$T_N = \frac{1}{2}(\alpha+\gamma)C \quad (T_N:\text{ネール温度},\ C:\text{キュリー定数})$$

なお，$T_N>0$ なので，$\alpha<0$ の場合，$|\alpha|<\gamma$ でなければならない．

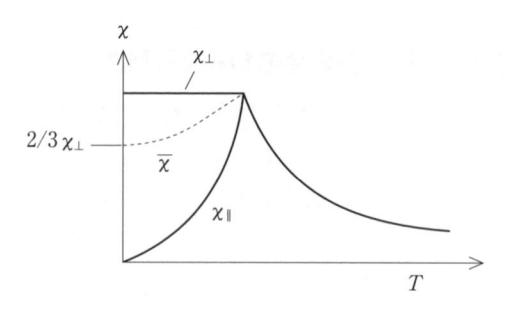

図 7-15 反強磁性体の磁化率の温度依存性. $\chi_\perp$：垂直磁化率, $\chi_\parallel$：平行磁化率, $\bar{\chi}$：多結晶の平均磁化率.

$T>T_N$ での磁化率：$\chi=C/(T+\Theta)$, $\Theta=(C/2)(\gamma-\alpha)$

$T<T_N$ での磁化率：副格子磁化に垂直方向の磁化率 $\chi_\perp=1/\gamma$ 一定，副格子磁化に平行な磁化率 $\chi_\parallel(0\,\mathrm{K})=0$, $\chi_\parallel(T_N)=\chi_\perp(T_N)=1/\gamma$, 多結晶の磁化率 $\bar{\chi}=\dfrac{1}{3}\chi_\parallel+\dfrac{2}{3}\chi_\perp$

これらの結果を**図 7-15** に示す.

（2） フェリ磁性体

副格子磁化と自発磁化：副格子磁化は，$|M_A|$, $|M_B|$ とも単調に減少し，T_C で 0 となるが，自発磁化 $M_S=M_A+M_B=|M_A|-|M_B|$ は，α, β の符号，値に応じて，いろいろなパターンで温度変化する．多くの場合，M_S も単調減少するが，$|M_A(0)|>|M_B(0)|$, $|\alpha|<|\beta|$ の場合，**図 7-16** に示すように，T_C 以下のある温度（補償温度）で M_A, M_B が打ち消し合い，自発磁化がいったん 0 になることがある．これを，補償型フェリ磁性とよび，A が希土類元素，B が Co や Fe などからなる化合物，アモルファス磁性体で見られ，光磁気記録媒体として使われている．

$T>T_C$ での磁化率：

$$\frac{1}{\chi}=\frac{T}{C}+\frac{1}{\chi_0}-\frac{A}{T-\Theta} \qquad (7\text{-}22)$$

で与えられる．$1/\chi$ は T_C で 0，十分高温では直線（キュリー–ワイス則）に漸近す

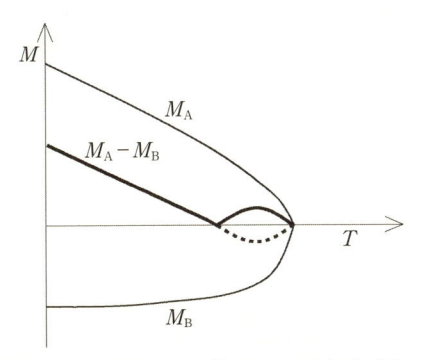

図 7-16 補償型フェリ磁性体の副格子および自発磁化の温度依存性.

る上に凸の曲線である．

7.6 金属・合金の磁性

　これまでの話は，構成原子が磁気モーメントをもっている場合についてであった．これを局在モーメントモデルとよぶが，代表的な強磁性体である鉄やニッケルでは磁性を担う 3d 電子は結晶中を動き回り（遍歴し）エネルギーバンドを形成している．そのため，磁性についてもバンド理論（遍歴電子モデル）の立場から論じる必要がある．

7.6.1 パウリの常磁性

　金属の基本的性質は伝導電子の状態密度によりほぼ説明できることを示したが，磁性についても当てはまる．ただし，この場合はスピン方向別の状態密度を考える必要がある[*1]．

　図 7-17 に磁場 H をかけたときの状態密度の変化を示す．＋スピンバンド（以下，磁気モーメントが磁場方向に向いた電子を＋スピン電子とよぶ）はエネル

[*1] 状態密度として (1-29) 式で与えられる全状態密度を用いると，(7-23) 式の係数 2 は不用．したがって (7-24) 式は，$\chi_P = \mu_B^2 D(\varepsilon_F)$ となる．

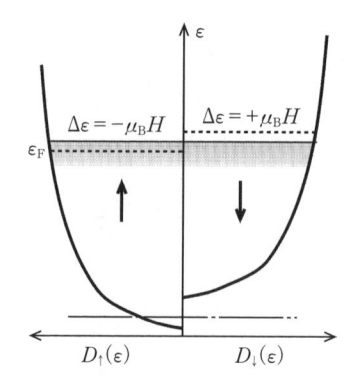

図 7-17 磁場によるバンドの分極．点線は $H=0$ のときのフェルミ準位．$\Delta\varepsilon \times D(\varepsilon)$ 個の電子が $-(\downarrow)$ スピンバンドから $+(\uparrow)$ スピンバンドへ移動する．したがって，$M = 2\Delta\varepsilon \times D(\varepsilon_F) \times \mu_B = 2\mu_B^2 D(\varepsilon_F) H$ の磁化が発生する．パウリ常磁性の原因．

ギーが $\Delta E = -\mu_B H$ 低下し，$-$スピンバンドは上昇する．フェルミ準位は両者共通なので，$-$スピンバンドから$+$スピンバンドへ電子が移動し，

$$M = \mu_B(N_+ - N_-) \approx \mu_B\{2\mu_B H D(\varepsilon_F)\} = 2\mu_B^2 D(\varepsilon_F) H \tag{7-23}$$

の磁化が発生する．ここで，N_+, N_- はそれぞれ $+$スピンバンド，$-$スピンバンドの電子数であり，$\mu_B H$ はバンド幅に比べ十分小さいので状態密度としてはフェルミ準位での値を一定値として使えばよい．したがって，磁化率

$$\chi_P = \frac{M}{H} = 2\mu_B^2 D(\varepsilon_F) \tag{7-24}$$

を得る．これを**パウリ(Pauli)常磁性**とよぶ．

● **パウリ常磁性の温度依存性**

一般に $\varepsilon_F \gg k_B T$ なので，温度の影響はほとんど受けない．しかし，詳しく見ると，温度依存性が見られる．**図 7-18** にいくつかの金属の磁化率の温度依存性を示す．Pdを除き比較的緩やかな温度変化を示す．なお，ZrやTiで折れ曲がりがあるのは結晶変態のためである．

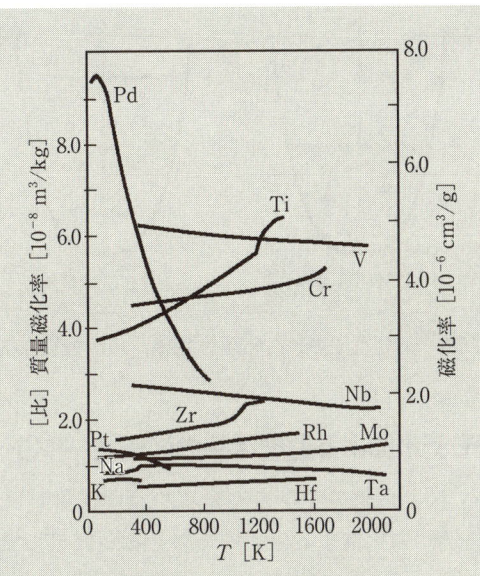

図 7-18 純金属の磁化率の温度依存性(参考書[16] p.90). Ti や Zr に見られる折れ曲がりは結晶構造の変化による.

● 反磁性の影響

金属の磁化率はこの他にも，内殻電子や伝導電子のミクロな渦電流効果により微小な反磁性成分をもつが，状態密度の小さい金属ではこの寄与が無視できず，たとえば純銅の磁化率は小さな負の値を示す．

7.6.2 遍歴電子の強磁性

遍歴電子の場合も当然交換相互作用が働く．自由電子については計算されており $J_{ex}>0$ である．したがって，同一スピン電子対が多いほど交換エネルギーの得が大きく，**図 7-19**(b)に示すようにすべての電子を＋スピンバンドに入れればよい．これが実現したものを遍歴電子強磁性体とよぶ．ただし，この場合，より運動エネルギーが高い状態へ電子を持ち上げる必要があるので(a)の常磁性状態より全エネルギーが低下するかどうかわからない．どちらが実現するかは状態密度と交換エネルギーの大きさにより決まる．

(a) 常磁性金属　　(b) 強磁性金属

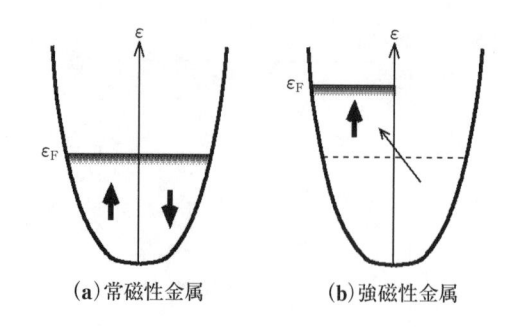

図 7-19　遍歴電子の(a)常磁性状態, (b)強磁性状態.

7.6.3　分子場モデルによる遍歴電子の強磁性 —ストーナーの理論—

実際の金属について, 交換エネルギーを求めるのは難しい. そこで, 各電子が, $\alpha M = \alpha \mu_B (N_+ - N_-)$ に比例する分子場を感じると仮定して, 強磁性発生の条件, 磁化率, 自発磁化の温度依存性などを求める.

(1)　常磁性磁化率

局在モーメントモデルの(7-19)式と同様, $H_{\text{eff}} = H + \alpha M$ とし, 磁化率として χ_P を用いると

$$M = \chi_P(H + \alpha M) \Rightarrow M(1 - \alpha\chi_P) = \chi_P H$$

より

$$\chi = \frac{M}{H} = \frac{\chi_P}{1 - \alpha\chi_P} = \frac{\chi_P}{1 - 2\alpha\mu_B^2 D(\varepsilon_F)} \tag{7-25}$$

を得る. 分子場により, 磁化率はパウリ常磁性より大きくなる. **交換増強磁化率** (exchange enhanced susceptibility) ともいう.

(2)　ストーナー条件

(7-25)式より $2\alpha\mu_B^2 D(\varepsilon_F) = 1$ のとき, χ は発散し自発磁化が発生する. さらに, $2\alpha\mu_B^2 D(\varepsilon_F) > 1$ なら強磁性状態になる. これを**ストーナー**(Stoner)**条件**とよぶ. すなわち, 分子場係数 α, 状態密度 $D(\varepsilon_F)$ が大きいほど強磁性になりやすい. 後者の条件は, 図 7-19 において, 運動エネルギーの増加が少なくてすむか

らである．なお，図7-18でPdの磁化率が大きく，かつ強い温度依存性を示すのは$\alpha\chi_P$が1に近く，強磁性発生の直前にあるからだといわれている．

（3） 強磁性状態

ストーナー条件を満たし，強磁性になった状態を考える．分子場により，+スピン電子，-スピン電子のエネルギーはそれぞれ$-\alpha M\mu_B$，$+\alpha M\mu_B$シフトするので，その数，N_+，N_-は

$$N_\pm = \int_0^\infty D(\varepsilon) \frac{1}{\exp((\varepsilon \mp \alpha M\mu_B - \zeta)/k_B T)+1} d\varepsilon \tag{7-26}$$

で与えられる．フェルミ準位ζ，および磁化Mは，連立方程式

$$\begin{aligned} M &= \mu_B(N_+ - N_-) \\ N &= N_+ + N_- \end{aligned} \tag{7-27}$$

を解くことによって求まる．その結果，0Kでは，分子場係数αの大小により，**図7-20**に示すように，「強い」強磁性，「弱い」強磁性，増強されたパウリ常磁性の3つの解が得られる．なお，この定義は，dバンドのように閉じたバンドについても使われ，フェルミ準位が-スピンバンド内にのみ存在し，+スピンバンドは完全に満ちている場合も「強い」強磁性とよぶ．

温度Tで(7-27)式を解くことにより自発磁化の温度依存性，キュリー温度，キュリー温度以上での磁化率を計算することができ，その結果，磁化率がキュ

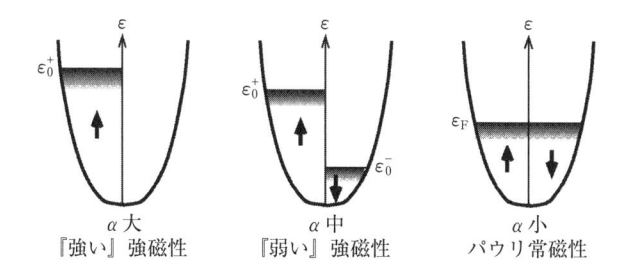

図7-20 ストーナー・モデルの3つの解．『強い』強磁性状態ではフェルミ面が片方のバンドにのみ存在する．したがって，3dバンドのように閉じたバンドの場合，一方のバンドが完全に電子に占有され，もう一方のバンドにのみホールが存在する場合も該当する．

リー-ワイス則に従わないことを除けば，ほぼ実験値を説明できる結果が得られる．しかし，その他の熱力学的性質などがこのモデルでは説明できないことが多く，現在では，局在モーメントモデルと遍歴電子モデルをつなぐ「スピンの揺らぎ理論」で記述する必要があると考えられている．

7.6.4 鉄属遷移金属の強磁性 —スレーター-ポーリング曲線—

図 7-21 は強磁性遷移金属・合金の 1 原子当たりの自発磁気モーメント（単位 μ_B）を平均外殻電子数の関数として表したものである．一部の枝分かれした部分を除けば，構成原子の種類や結晶構造にかかわらず，鉄の右側を頂点とする勾配 ±1 のピラミッド型の曲線に乗る．これを**スレーター-ポーリング曲線**とよぶ．この傾向はバンド・モデルにより以下のように説明される．

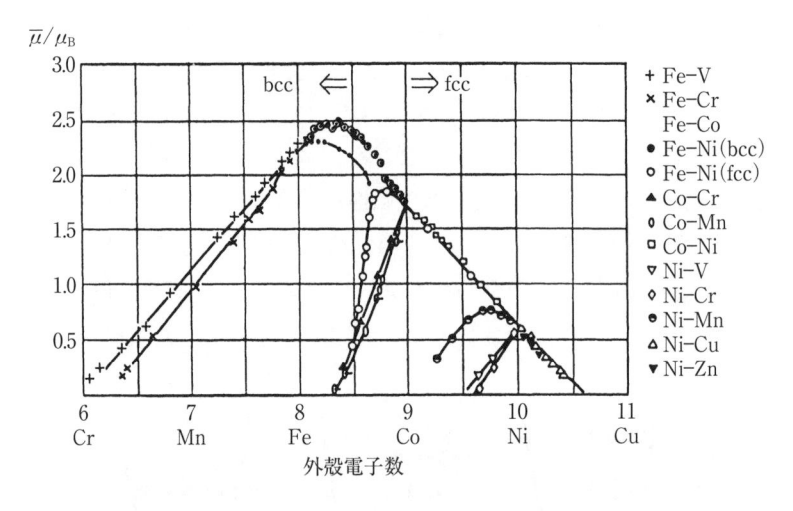

図 7-21 スレーター-ポーリング（Slater-Pauling）曲線．横軸は 1 原子当たり平均価電子数．縦軸は 1 原子当たり平均自発磁気モーメント．

（1） Ni と Ni-Cu 合金

3.4.2 節，図 3-17 に Cu の状態密度曲線を示したが，Ni も同じ fcc 金属であり，類似した形をしている．異なるのは，外殻電子数が Cu より 1 個少ない 10

個であり，**図 7-22** に示すように，4s バンドにも電子が入るので，10 個の収容数をもつ d バンドにホールが生じる．その数は，4s バンドに 0.6 個の電子が入り，3d バンドに 0.6 個のホールが生じる．3d バンドの上端には鋭いピークがあり，状態密度が大きく強磁性になりやすい条件を満たしている．その結果，＋スピン 3d バンドに 5 個の電子が，－スピン 3d バンドに 4.4 個の電子が入り，その差 0.6 個に対応し，自発磁気モーメント $0.6\,\mu_B$/atom の「強い」強磁性となっている．

Ni-Cu 合金は全率固溶 fcc 合金であるが，Ni に Cu を混ぜると 1 個余分の Cu の価電子が 3d ホールを埋め，0.6 個分増加したところ，すなわち 60%Cu で 3d バンドは満杯となり，磁化は消失する．このようにしてスレーター-ポーリング曲線の右端のふるまいが説明できる．

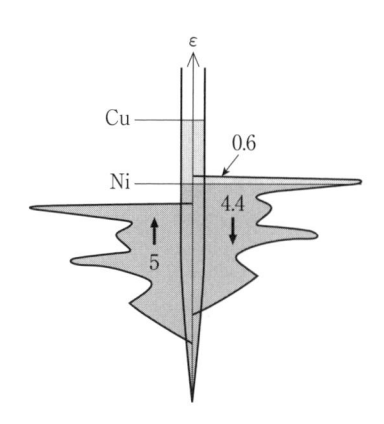

図 7-22 fcc-Ni, Cu の状態密度とフェルミ準位．

（2） Fe と Fe-Co 合金

図 7-23 に強磁性状態にある bcc-Fe の状態密度を示す．Fe の外殻電子数は 8 個，4s バンドに 0.8 個入るとすれば，3d バンドには 7.2 個の電子が入り，2.8 個のホールが生じる．もし Ni のように「強い」強磁性となり＋スピンバンドを 5 個の電子が満たすとすると，$2.8\,\mu_B$ の自発磁気モーメントが生じるはずであるが，実際には「弱い」強磁性状態が実現し，1 原子当たりの飽和磁化は $2.2\,\mu_B$ である．

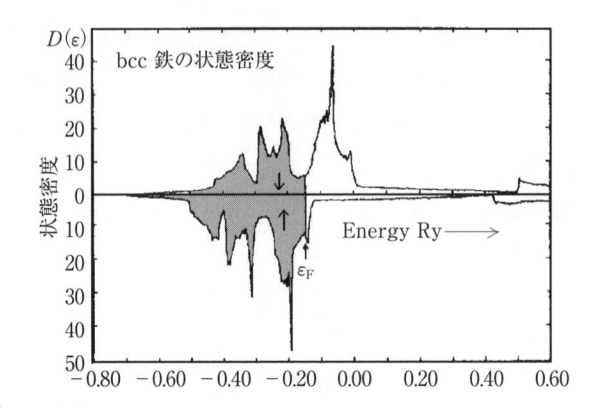

図 7-23 Fe の＋スピン，－スピンバンドの状態密度[10]．下向きスピンバンドのフェルミ準位が状態密度の谷底近くにあることに注意！

Fe に Co を混ぜるとどうなるか？ この場合，Co は価電子が1つ多いのでホールを埋めるわけであるが，＋，－スピンバンドの双方にホールがあるのでどちらにも入り得る．実際には，＋スピンバンドに入る方がエネルギー増加が小さく，その結果，自発磁気モーメントは右上がりで増加する．しかし，＋スピンバンドが埋まってしまうと，－スピンバンドへ入るしかないので，磁気モーメントは減少する．このようにして，Fe-Co 合金は 40%Co 付近で最大の自発磁気モーメント $2.5\,\mu_B$/atom をもつ．実は，この合金は室温で最大の磁化を示す物質でパーメンジュールとよばれる実用合金として電磁石のポールピースの材料などに

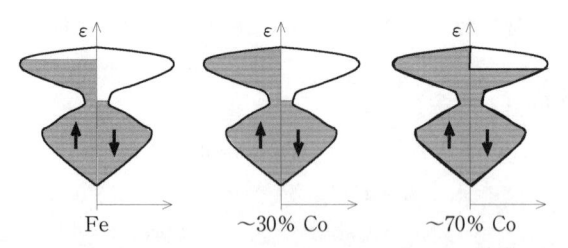

図 7-24 bcc-Fe-Co 合金の電子の占有状態．『弱い』強磁性状態である純鉄にCo を入れていくと上向きスピンバンドに電子が入り，約 30% Co で『強い』強磁性となり最大の磁化を示す．さらに Co 濃度を増すと，下向きスピンバンドのホールが埋まり磁化は減少する．

使われている.

7.7 磁気異方性と磁歪

　ここまで，強磁性については交換相互作用のみを考えてきたが，交換力は結晶軸の方向とは関係なく等方的である．実際の強磁性体の自発磁化は，たとえば，鉄では[100]，Niでは[111]，Coではc軸方向と特定の方向を向いている．これを磁化容易方向とよび，磁化方向をずらしたときのエネルギー変化を磁気異方性エネルギーとよぶ．また，自発磁化の発生に伴い，結晶はわずかに歪むがこれを磁歪とよび，共に次節で述べる磁区の形成，ひいては磁化過程に大きな影響を及ぼし，磁気材料を開発する際重要な因子となる．

7.7.1　磁気異方性エネルギー

（1）　立方晶

　結晶軸[100](x方向)，[010](y方向)，[001](z方向)に対する磁化方向の方向余弦をそれぞれ，$\alpha_1, \alpha_2, \alpha_3$ とすると，立方晶の磁気異方性エネルギー E_A は

$$E_A = K_1(\alpha_1^2\alpha_2^2 + \alpha_2^2\alpha_3^2 + \alpha_3^2\alpha_1^2) + K_2\alpha_1^2\alpha_2^2\alpha_3^2 + \cdots \tag{7-28}$$

で与えられる．この式は，対称性を考慮した数学的な展開式であり，奇数次の項がないのは，磁化の180°反転に対しエネルギーが不変であることからくる．また，2次の項がないのは，立方対称の場合 $\alpha_1^2+\alpha_2^2+\alpha_3^2=1$ より定数項となるためである．

　(7-28)式より，$K_1 \gg K_2$ であれば，$K_1>0$ のとき磁化容易方向は $\langle 100 \rangle$ 方向に，$K_1<0$ のとき $\langle 111 \rangle$ 方向になる．

（2）　六方晶（1軸対称性のある場合）

　磁化方向の c 軸からの傾き角を θ とすれば

$$E_A = K_{u1}\sin^2\theta + K_{u2}\sin^4\theta + \cdots \tag{7-29}$$

と展開できる．$K_{u1} \gg K_{u2}$ であれば，$K_{u1}>0$ のとき磁化容易方向は $\theta=0$ すなわち c 軸方向に，$K_{u1}<0$ のときは c 面内にある．

7.7.2 磁気異方性の原因

磁気異方性の原因は磁性原子の形状が球対称ではなく，原子磁気モーメントの方向，すなわち，全角運動量Jの方向を軸とする回転楕円体と見なせるためである．このような，回転楕円体からなる原子を並べた結晶では，**図 7-25** の概念図に示すように，主軸＝磁気モーメントの方向が変わると静電反発力などにより，原子間相互作用エネルギーが変化し，磁気異方性が生じることは容易に理解できるであろう．また，同時に，原子間距離も変化し，磁化の方向に依存する歪み，すなわち磁歪が生じることも予想される．

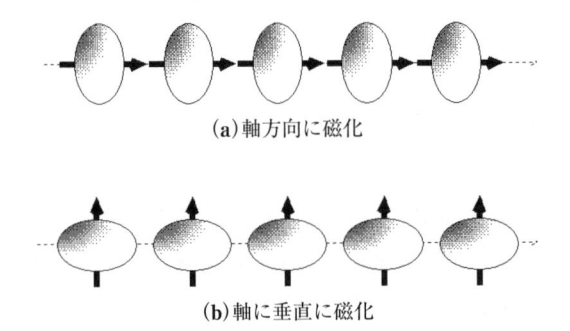

(a) 軸方向に磁化

(b) 軸に垂直に磁化

図 7-25 磁気異方性，磁歪の起因の概念図．軌道角運動量をもつ原子は回転楕円体の形状をしており，磁化方向が回転すると，回転楕円体の主軸が回転し，電子の反発エネルギーが変化し異方性エネルギーが生じる．同時に，結晶歪みも変化し磁歪が生じる．

7.7.3 磁　　歪

磁歪とは磁化の方向に依存し結晶がわずかに歪む現象である．立方晶単結晶について，その値は，磁化方向の方向余弦を $(\alpha_1, \alpha_2, \alpha_3)$，伸び観測方向の方向余弦を $(\beta_1, \beta_2, \beta_3)$ とすると

$$\frac{\Delta l}{l} = \frac{3}{2}\lambda_{100}\left(\alpha_1^2\beta_1^2 + \alpha_2^2\beta_2^2 + \alpha_3^2\beta_3^2 - \frac{1}{3}\right)$$
$$+ 3\lambda_{111}(\alpha_1\alpha_2\beta_1\beta_2 + \alpha_2\alpha_3\beta_2\beta_3 + \alpha_3\alpha_1\beta_3\beta_1) \qquad (7\text{-}30)$$

と展開できる．定数 λ_{100}，(λ_{111}) は，[100]([111])方向に磁化したときの[100]

([111])方向の伸び率を表す．この場合，歪みは異方的な歪みであり体積は不変である．

多結晶やアモルファス磁性体の場合は，磁化方向と観測方向のなす角をθとすると

$$\frac{\Delta l}{l} = \frac{3}{2}\lambda_s\left(\cos^2\theta - \frac{1}{3}\right) \tag{7-31}$$

と表せる．立方晶強磁性体の多結晶試料の場合は

$$\lambda_s = \frac{2}{5}\lambda_{100} + \frac{3}{5}\lambda_{111} \tag{7-32}$$

の関係がある．磁歪定数の大きさは，遷移金属では$10^{-5} \sim 10^{-4}$，希土類を含む金属間化合物（TbFe$_2$）では10^{-3}に達するものがあり，加振器などに使われることがある．

7.8 強磁性体の磁化過程 —軟磁性体と硬磁性体（永久磁石）の違い—

7.8.1 静磁エネルギーと磁区

強磁性体とは原子磁気モーメントが平行に整列した状態であったが，代表的な強磁性体である純鉄はなぜ磁石とならないのであろうか？　その理由を知るにはまず，静磁エネルギーについて知っておく必要がある．

今，**図 7-26** に示すように，棒磁石を縦に半分に切断し2つの棒磁石にする．このままだと，同極同士が反発し，すぐ回転し異種極同士がくっついた状態で安定化する（低エネルギー状態になる）．元の状態に戻すには反発力に逆らって仕事をする必要があるので，元の棒磁石はエネルギーが高い状態であることがわかる．このように磁石それ自身がもつエネルギーを静磁エネルギーとよび，定量的には

$$U_m = \frac{\mu_0}{2}\iiint_{全空間} H^2 dv \tag{7-33}$$

で表せる．つまり，磁石が空間につくり出す磁場のエネルギーに等しい．

ところで，図7-26（e）の状態は何も実際に磁石を2つに切断しなくても実現できる．**図 7-27** に示すように，下半分の原子の磁気モーメントを反転すればい

152　7 磁　性

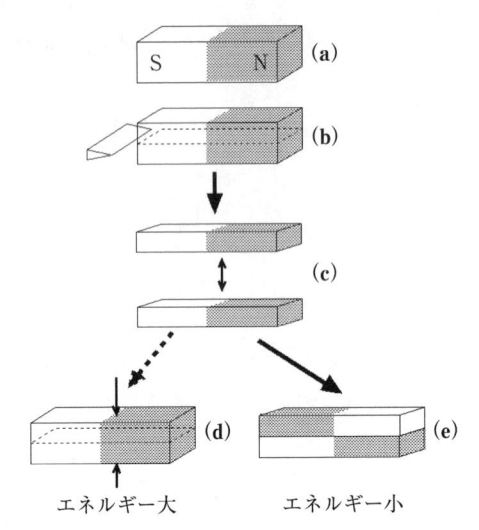

図 7-26　永久磁石が高エネルギー状態にあること示す図. 棒磁石を 2 分割すると一方の断片が回転し, よりエネルギーの低い (e) の状態に移行する. つまり, 元の状態 (永久磁石) はエネルギーの高い状態であることがわかる.

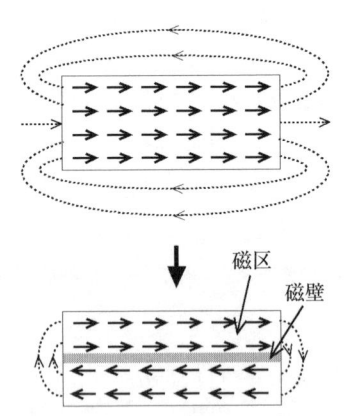

図 7-27　ミクロに見た磁区の形成. 図 7-26(e) の状態は磁石を切断しなくても, 下半分の原子磁石の方向を一斉に反転することにより実現する. このようにして磁区が発生する.

いわけである．このとき，同じ方向を向く領域を磁区といい，境界面を磁壁とよぶ．実際には，さらに細かい磁区に分割され，外部に磁場を出さない状態(消磁状態)となっている．ただし，磁壁部分はエネルギーが高いので適当な大きさ，形状の磁区構造ができる．

7.8.2 磁壁のエネルギー

実際の磁壁では磁気モーメントがいきなり180°反転するのではなく，**図 7-28**に示すように，少しずつ回転しながら反転する．このとき，隣り合ったスピン間の角度のずれ(φ)が小さい，すなわち磁壁の厚さが厚い方が交換エネルギー，逆に，磁化容易方向からずれた領域が小さい方が異方性の損が少なく，両者のかねあいで，磁壁の厚さ($\delta=Na$)，および単位面積当たりのエネルギー(γ)が求まる．簡単な計算から(参考書[16] p.155)

$$\delta = \left(\frac{JS^2\pi^2}{|K|a}\right)^{1/2}, \quad \gamma = 2\pi\left(\frac{|K|JS^2}{a}\right)^{1/2} \tag{7-34}$$

となる．ここで，a は原子間距離である．磁壁のエネルギーを決める最大の因子は磁気異方性定数 K であり，磁気異方性が大きい物質ほど磁壁エネルギーが大きくなる．

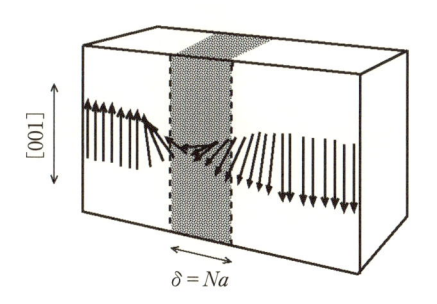

図 7-28 磁壁の構造．δ：磁壁の厚さ，N：磁壁内の原子面数．磁区の境界，すなわち磁壁内では，原子磁気モーメントは連続的に回転し反転する．

7.8.3 磁区構造

磁区の構造や大きさを決める要因は，(ⅰ)静磁エネルギー，(ⅱ)磁壁のエネルギー，(ⅲ)磁歪による弾性エネルギーなどがある．(ⅰ)は磁区を細分化した方が

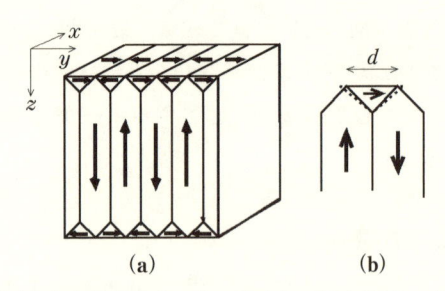

図 7-29 鉄単結晶(磁化容易方向 [001] の場合)の還流磁区．表面に磁極が現れず静磁エネルギーは 0 である．しかし磁歪のため上下表面部分に歪みが生じ弾性エネルギー損が生じる．

有利であり，(ii)は逆に磁壁の総面積が小さい，すなわち磁区は大きい方が有利，(iii)は磁区が大きくなると歪みが大きくなり不利．実際の磁区構造はこれらの相矛盾する要因のかねあいによって決まる．図 7-29 に ⟨100⟩ 面を切り出した鉄単結晶の磁区構造(還流磁区)を示すが，実際の磁区構造は一般にもっと複雑である．その大きさは，通常 10～100 μm 程度である．

7.8.4 単磁区粒子

強磁性結晶の粒子サイズを小さくしてゆき磁壁の厚さに近づくと，磁区に分割することによる静磁エネルギーの得より，磁壁をつくるエネルギーの損が大きくなり，単磁区粒子となる．半径 r の球状粒子についてその臨界値を求めると，$r_c \approx 9\mu_0\gamma/2I_s^2$ で与えられる．

鉄について計算すると，r_c は数 nm とかなり小さい値になる．単磁区粒子は永久磁石材料としてよく使われるが，この場合はより大きな磁気異方性定数をもった材料が使われ，磁壁エネルギー γ も大きいので，臨界粒子サイズはもっと大きい．

7.8.5 強磁性体の磁化過程

前節で磁区の形成と磁壁の構造について述べたが，これらは外部から磁場をかけない状態での強磁性体であり，磁化は 0 であるが，磁場 H をかけると，ポテンシャルエネルギーは $-\boldsymbol{M}\cdot\boldsymbol{H}$ なので，磁化が発生する．

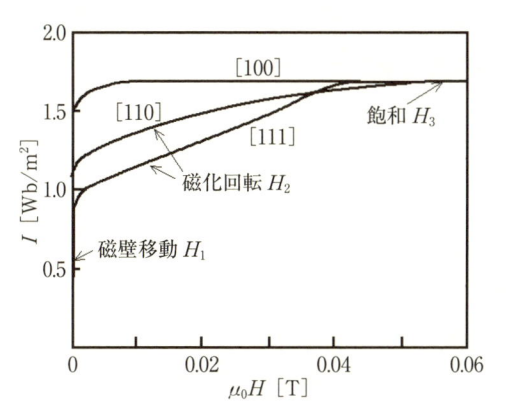

7.8 強磁性体の磁化過程 —軟磁性体と硬磁性体(永久磁石)の違い—

図 7-30 鉄単結晶にいろいろな方向から磁場をかけたときの磁化過程(参考書[16] p.164).

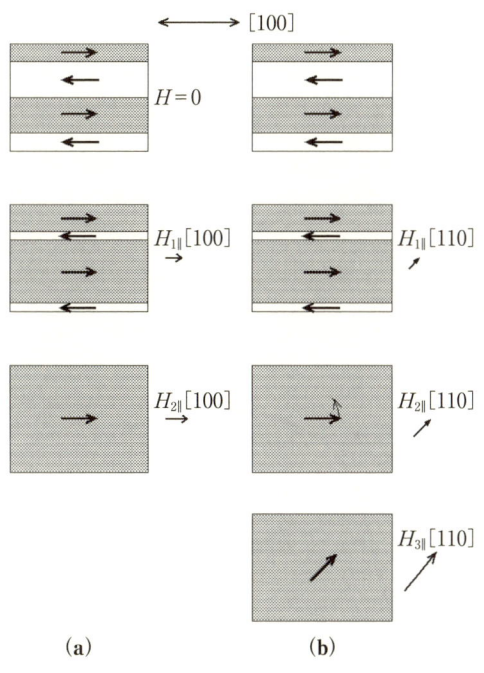

図 7-31 図 7-30 に対応する磁壁移動の模式図. (a)磁化容易方向 [100], (b) [110] 方向に磁場をかけた場合.

7.8.6 単結晶の磁化過程

　初めに鉄の単結晶の磁化過程について説明しておく．この場合，磁場方向が磁化容易方向に一致しておれば，磁壁が移動するだけで容易に磁化が増加し飽和する．磁場方向が磁化容易方向からずれていれば，初めに磁壁移動だけで磁化が増加し，その後磁気異方性エネルギーに逆らって磁化が回転し徐々に飽和に達する．その様子を**図 7-31**に示す．

　なお，磁壁のエネルギーは不純物などを含まなければ位置によらないので容易に移動し，高純度鉄の場合後述の反磁場の影響がなければ，きわめて微小な磁場で磁壁移動が進行する．

7.8.7 不純物の影響と多結晶強磁性体の磁化過程

　通常の強磁性体は多結晶であり，かつ多少なりとも不純物を含む．この場合，磁壁がその場所にかかると磁壁のエネルギーが変化し，減少すればトラップされ，増加すれば反発し，いずれの場合もスムーズな磁壁移動を妨げる．たとえば，微小な非磁性析出物があれば，そこに磁壁がトラップされた方が磁壁エネルギーは減少する．したがって，γの値，つまり磁気異方性定数Kが大きいほどトラップ力が大きい．**図 7-32**に実際の強磁性体の磁化過程を示す．初期磁化過程ではトラップされた磁壁が膨らむことにより磁化が増加する．そのため，磁化

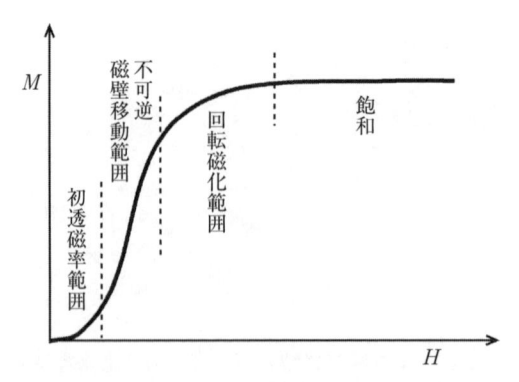

図 7-32　不純物を含む強磁性体の磁化過程．

率(勾配)はあまり大きくないが磁場の増減に対して可逆的である．さらに磁場が増加すると，磁壁が障害物を乗り越え移動する．この領域を通過すると，磁場変化に対し磁化は非可逆的になる．磁壁移動過程が終了すると，最後は磁化回転により飽和に達する．

7.9　強磁性体の応用

7.9.1　ヒステリシス曲線

強磁性体は電気機器に組み込まれ使われることが多く，トランスなど交流磁場下で使用する場合も多い．そこで，強磁性体材料の評価は，磁場をかけるだけでなく，$+H$ から $-H$ まで循環的に作用させたときの磁化曲線，すなわちヒステリシス曲線を使うことが多い．なお，このとき，縦軸は磁化そのものではなく，実際の使用に則して磁束密度 $B=\mu_0 H+I$ を取ることが多い．

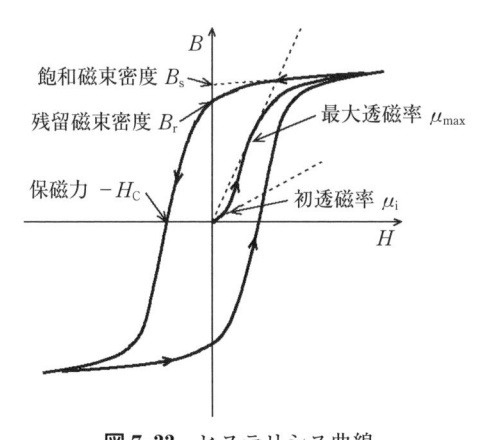

図 7-33　ヒステリシス曲線．

図 7-33 に典型的なヒステリシス曲線を示すが，図に矢印で示すように，初めは消磁状態(磁化 0)から出発し，＋方向にほぼ飽和するまで磁場をかけ，その後磁場を下げてゆき，$H=0$ からさらに逆方向に飽和するまで磁場をかけ，また 0 に戻し，以後これを繰り返すものとする．

図中に示してある諸量は磁性材料として使用する際重要な指標であるが，この他，ヒステリシス曲線に囲まれた面積はエネルギーの次元をもち，たとえばトランスの鉄心として使用するとき，1サイクルの磁化変化を通じて熱エネルギーとして散逸するエネルギーに相当し，鉄損ともよばれる．当然，この場合，鉄損は小さいほどよく，そのためには，透磁率が大きく，保磁力は小さい方がよい．また，永久磁石として用いるときは一見残留磁束密度が大きければいいように思われるが，後述する反磁場の影響を考えると保磁力も大きくなければならない．

7.9.2 反磁場の影響

（1） 反磁場の定義と反磁場係数

反磁場 H_D とは，図 7-34 に示すように，強磁性体を磁化したとき，表面に発生する磁極が内部につくる磁場のことで，磁化 I を打ち消す方向に作用する．その大きさは

$$H_D = -D\frac{I}{\mu_0} \tag{7-35}$$

で与えられる．本来，電磁気学の問題であるが，磁性材料を使うに当たって，重要な役割を果たす．D は反磁場係数とよばれ，試料の形状および磁場をかける方向による量で以下の性質をもっている．

x, y, z 方向の反磁場係数を，D_x, D_y, D_z とすると

$$D_x + D_y + D_z = 1 \tag{7-36}$$

が成り立ち，その試料に無限に長い方向があれば，その方向について $D=0$．したがって，

（ⅰ）球状試料：$D_x = D_y = D_z = 1/3$

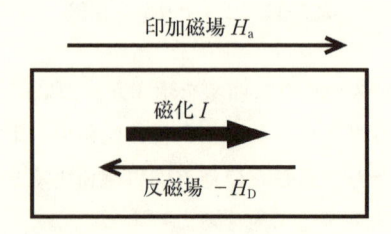

図 7-34 反磁場の概念図．

(ⅱ) 長い円柱(軸方向をzとする)：$D_x=D_y≒1/2$, $D_z≒0$
(ⅲ) 円盤(厚さ方向をzとする)：$D_x=D_y≒0$, $D_z≒1$

となる．

（2） 有効磁場と反磁場の補正

反磁場の影響により，外部からH_aの磁場を印加した場合，実際に磁性体内部に働く磁場(有効磁場)は

$$H_{\text{eff}}=H_a+H_D=H_a-D\frac{I}{\mu_0} \tag{7-37}$$

で与えられる．ヒステリシス曲線から磁気特性を評価するとき，横軸には有効磁場をとらなければならない．

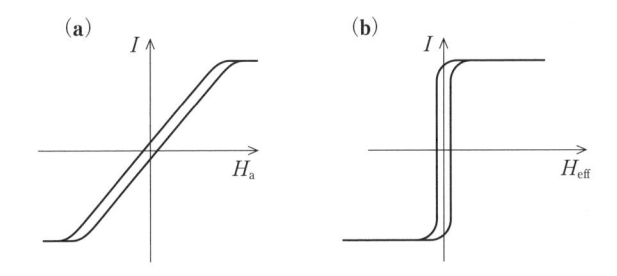

図 7-35 H_cの小さい軟磁性体の(a)反磁場補正前，(b)補正後のヒステリシス曲線．

図 7-35 に補正前，補正後のヒステリシス曲線を示す．実際に補正を行うには，(1)反磁場が無視できる十分長い棒状磁石を使用するか，(2)球状試料を用い正しく補正する，といった方法がある．

（3） 反磁場の影響

(ⅰ) 軟磁性材料

ごく小さいH_cをもつ軟磁性材料は，わずかの印加磁場H_aで容易に磁化するが，有効磁場はH_c程度の微小な正の値でなければならないので

$$H_{\text{eff}}=H_a-D\frac{I}{\mu_0}≈H_c≈0 \tag{7-38}$$

したがって，飽和に達するまでは，図7-35(a)に示すように

$$I \approx \frac{\mu_0}{D} H_\mathrm{a} \tag{7-39}$$

と，磁化の値は反磁場係数のみによって決まる．たとえば，球状の純鉄を飽和させるには，容易磁化方向であっても，約 $6 \times 10^5 \mathrm{A/m} \sim 7000\,\mathrm{Oe}$ とかなり強い磁場を必要とする．したがって，軟磁性材料を有効に使用するには，反磁場係数の小さい形状，方向で選ぶ必要がある．できるだけ長細い棒状，板状がよいが，トランスの鉄心のように，環状に閉じた磁心にコイルを巻いて使用すると無限に長い棒に相当し反磁場の影響を免れる．

(ⅱ) 永久磁石

永久磁石としての性質は残留磁化によるが，$D \neq 0$ の場合，反磁場により自分自身の磁化を減少させる（減磁力）ので，実現する残留磁化は**図7-36**に示すようにヒステリシス曲線上で，直線 $I = -(\mu_0/D)H$ との交点で与えられる．そのため，B_r だけでなく，H_c も十分大きい材料を使う必要がある．したがって，永久磁石としての性能は，B-H ヒステリシス曲線で，B と H の積の最大値 $(BH)_\mathrm{max}$ で評価される．また，B-H 曲線の第2象限を特に**消磁(減磁)曲線**とよび，永久磁石を用いる機器の設計に必要である．

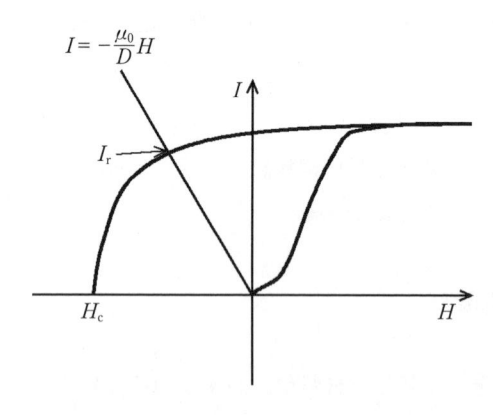

図7-36 永久磁石の磁化曲線と反磁場のある場合の残留磁化．

7.9.3 磁性材料

（1） 軟磁性材料

トランスの鉄心，磁気ヘッドなどに使うもので，大きな透磁率が必要．そのため，保磁力 H_c が小さい必要がある．これを実現するためには，磁壁の運動を阻害する要因を最小にするため，（ⅰ）できるだけ高純度の材料を使用する，不純物，析出物による磁壁のトラップ力を小さくするため，（ⅱ）磁壁のエネルギーの主因である磁気異方性の小さい材料を使う，（ⅲ）磁歪によるトラッピング力を小さくするため磁歪定数の小さい材料を使う．表 7-3 に主な軟磁性材料を示す．高純度鉄は高い透磁率を示すが高価なので，実際の軟磁性材料は，（ⅱ）の方法で実現している．何を使うかは用途によって異なる．高透磁率のみが要求される場合はパーマロイなどが，電力用トランスでは大きな飽和磁束密度が必要でケイ素鉄が，また高周波用トランスには渦電流損失をなくすため絶縁体のフェライト磁性体を使う必要がある．

表 7-3　主な軟磁性材料(参考書[16] p. 180).

材　料	成　分 (Fe 以外)	μ_{max}	H_c [A/m]	I_s [W/m²]	T_c [K]
軟　鉄	0.2%	5000	80	2.15	1043
高純度鉄	0.05%	200000	4	2.15	1043
ケイ素鉄	4 Si	7000	40	1.97	963
パーマロイ	78.5 Ni	100000	4	1.08	873
FeB アモルファス	8B6C		8	1.73	610
MnZn フェライト		2000	8	0.25	383

（2） 硬磁性(永久磁石)材料

上に述べたように，永久磁石に求められる性質は高い保磁力 (H_c) である．そのため，（ⅰ）不純物や析出物で磁壁のトラップ力を大きくする，（ⅱ）単磁区磁石とする，（ⅲ）磁壁の生成を阻害する，といった方法がある．いずれの場合も，磁壁エネルギー，磁気異方性が大きいことが必要となる．表 7-4 に主な永久磁石材

表7-4 代表的な永久磁石材料(参考書[16] p.181).

材料	成分 (Fe以外)	B_r [T]	H_c [×10^2A/m]	½$(BH)_{max}$ [×10^3J/m^3]	T_c [K]	メカニ ズム
炭素鋼	0.9C	1.0	40	0.8	1043	(ⅰ)
Alnico	14Ni-24Co-8Al-3Cu	1.2	440	20	1120	(ⅱ)
フェライト磁石	$BaO \cdot 6Fe_2O_3$	0.4	1600	13	743	(ⅱ)
サマリウム磁石	$Sm_2Co_{17}+X$	1.1	2600	100	1120	(ⅱ)
ネオジム磁石	$Nd_2Fe_{14}B$	1.2	7900	180	580	(ⅲ)

料を示すが，メカニズム欄に高保磁力の原因を番号で示す．なお，電気機器などに使われるときは，永久磁石単独で使われることは少なく，軟磁性材料と組み合わせ磁気回路を形成しその磁石のもつ性能を最大限引き出す工夫がなされる．

演習問題 7-1 希土類金属は 4f 電子($l=3$)が磁性を担っている．Tb^{3+} イオン($4f^8$)の，S, L, J, g_J, p を求めよ．p の実験値は 9.7 である．

演習問題 7-2 モール塩 $[(NH_4)_2Fe(SO_4)_2 \cdot 6H_2O]$ の 300 K での 1 モル当たりの磁化率 χ_{mol} および比質量磁化率 $\bar{\chi}_g$ を求めよ．磁化率はキュリー則に従う．なお，cgs 単位系での文献値は 31.6×10^{-6} emu/g である．

演習問題 7-3 金属 Na のパウリ磁化率(体積磁化率 χ_p, 比質量磁化率 $\bar{\chi}_g$)を計算せよ．Na 金属を 1 原子当たり 1 個の電子をもつ自由電子と見なし，(1-31)式, (1-29)式よりフェルミエネルギー，フェルミ準位での状態密度を求める．このとき，$D(\varepsilon)$ として (1-29)式を使うときは(7-24)式の係数 2 は不要．Na は格子定数 $a=0.4225$ nm の bcc 金属．密度は 0.97 g/cm^3．

8 超伝導

8.1 超伝導体の基本的性質

8.1.1 零抵抗と永久電流

　超伝導現象は，カマリン・オンネスによる 1911 年の，水銀の電気抵抗が液体ヘリウム温度付近で突然 0 になることの発見に始まる(**図 8-1**)．これは，電気抵抗値が測定感度以下に小さくなるということでなく，完全に 0 になるということが後に明らかにされた．それは，リング状試料にいったん電流を流すと，電源を供給しなくても発生する磁場が全く減衰しない(永久電流)ことにより示される．抵抗値が 0 になる温度を(超伝導)臨界温度(T_c)とよぶ．以下に代表的な超伝導体の T_c を示す(単位：K)．

　純金属：Al(1.196)，V(5.3)，Nb(9.23)，Sn(3.72)，Hg(4.15)，Pb(7.19)
　金属間化合物：NbTi(10.0)，Nb_3Sn(18.3)，Nb_3Ge(18)，Nb_3Al(18.8)
　酸化物：$La_{1.8}Sr_{0.2}CuO_4$(35)，$YBa_2Cu_3O_{6.9}$(95)，$Bi_{0.7}Pb_{0.3}SrCaCu_{1.8}O_x$(110)

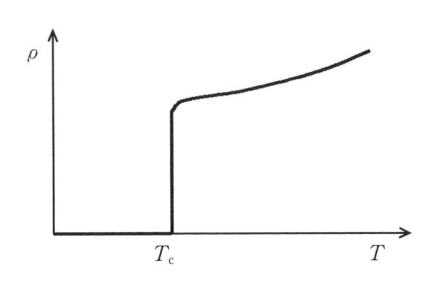

図 8-1　超伝導体の電気抵抗の温度依存性．臨界温度 T_c で突然 0 になる．

8.1.2 マイスナー効果

　超伝導体内部では磁束が 0 になる現象．電気抵抗が 0 の物質に磁場をかけると，電磁気学により渦電流の効果として説明可能であるが，超伝導物質の場合，**図 8-2** に示すように，磁場をかけた状態で試料を冷却し超伝導状態にすると磁束は試料外部に排出される．これは電磁気学だけでは説明できず零抵抗とは独立な現象であることがわかる．この現象を**マイスナー**(Meissner)**効果**という．この場合，$B = \mu_0 H + I = 0$ より，$\chi = I/H = -\mu_0$ となる[*1]．これを完全反磁性という．

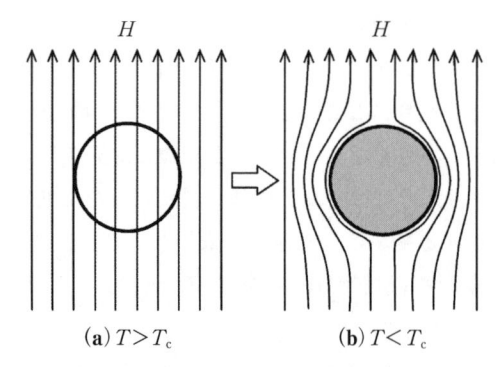

(a) $T > T_c$ 　　**(b)** $T < T_c$

図 8-2 マイスナー効果．常伝導状態（$T > T_c$）では磁束（矢印）は試料の影響を受けないが，超伝導状態（$T < T_c$）になると試料の外部へ排出される．

8.1.3 非線形トンネル効果

　絶縁体(I)薄膜を挟んで，常伝導金属と超伝導体(N-I-S 接合)，あるいは 2 つの超伝導体(S-I-S 接合)間のトンネル素子をつくると，電圧-電流特性に特徴ある非線形が見られる．**図 8-3** に N-I-S 接合素子の非線形電圧-電流特性を示す．また，S-I-S 接合の場合，磁場の存在も絡めるとジョセフソン効果といわれるきわめて特徴あるふるまいを示し，**SQUID**(Superconducting QUantum Interfer-

---

[*1] E-H 対応 MKS 単位(I[Wb·m]，H[A/m])での値．磁場に代わりに磁束密度 [T] を採用すれば $\chi = -1$．

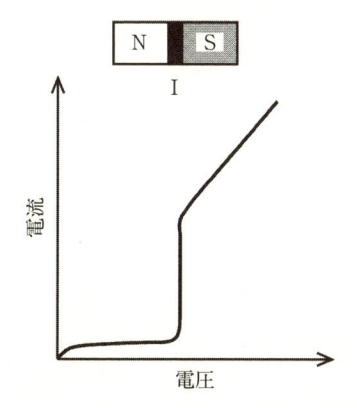

図 8-3 N-I-S トンネル接合した超伝導体の非線形電圧-電流特性.

ence Device)**磁力計**とよばれる高感度磁場測定素子として使われる(詳しくは参考書[18]参照).

8.2 磁場の影響

8.2.1 臨界磁場と第1種・第2種超伝導体

　超伝導体に磁場をかけると図 8-2 のように磁束が排出され静磁エネルギーが増加する．完全反磁性として計算すると，その値は単位体積当たり $\mu_0 H^2/2$ の増加となる．このエネルギーの増加が，超伝導状態を安定化するエネルギー(後述)を凌駕すると超伝導状態が破壊し常伝導状態になる．このとき，臨界磁場 H_c で試

(a) 第1種超伝導体　　(b) 第2種超伝導体

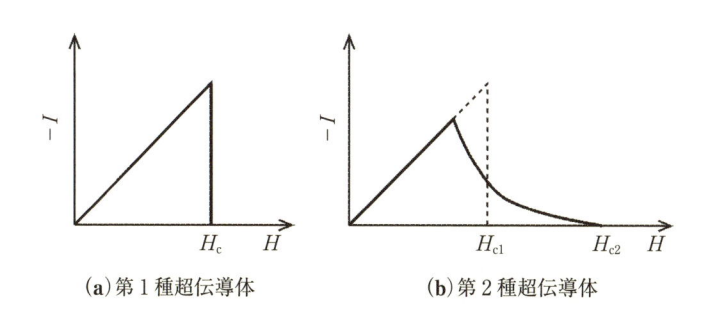

図 8-4　(a) 第1種超伝導体，(b) 第2種超伝導体の磁化曲線.

料全体が一斉に常伝導になる場合と，最初は完全反磁性を保つが，ある臨界磁場 H_{c1} で磁束が糸状に超伝導状態にある試料内に侵入しさらに大きな臨界磁場 H_{c2} で試料全体が常伝導になる場合がある．前者を**第1種超伝導体**，後者を**第2種超伝導体**という．純金属の場合は第1種超伝導体となり，合金や金属間化合物超伝導体は第2種となることが多い．このときの磁化曲線を**図8-4**に示す．

●臨界電流

超伝導体に電流を流すと磁場が発生するが，この自らが発生する磁場により超伝導状態が破壊するので流せる電流に制限がある．これを臨界電流 J_c といい超伝導体の応用にとって重要である．第1種超伝導体の場合は後述するように電流は試料の表面のみを流れるので，表面の磁場が臨界磁場を越えるところが臨界電流となるが，第2種超伝導体の場合，磁束は試料内に侵入するのでその臨界電流が何で決まるかは難しい問題である．重要な因子として考えられているのは，磁束線に沿って流れる電流がローレンツ力により排出されないよう，不純物などに固定される必要があり，磁束のピン留め力が第2種超伝導体の臨界電流を決めると考えられている．

8.2.2　ロンドンの式と磁場侵入距離

第4章で，常伝導状態の電流は電子が電場(電圧)により加速され，オームの法則 $J=V/R$ が導かれることを示した．しかし超伝導体では $R=0$ なので，オームの法則は適用できない．ロンドン兄弟(H. & F. London)は，超伝導電流 $\boldsymbol{j}$ は電場ではなく磁場により駆動されると考え，ロンドンの式

$$\boldsymbol{j} = -\frac{1}{\mu_0 \lambda_L^2} \boldsymbol{A} \tag{8-1}$$

または，その微分表示

$$\nabla \times \boldsymbol{j} = -\frac{1}{\mu_0 \lambda_L^2} \boldsymbol{B} \tag{8-2}$$

で記述されることを示した．ここで，$\boldsymbol{j}$ は電流密度，$\boldsymbol{B}$ は磁束密度，$\boldsymbol{A}$ はベクトルポテンシャルで，$\boldsymbol{B} = \nabla \times \boldsymbol{A}$ の関係がある．λ_L は長さの次元をもつ物質固有の量である．一方，マクスウェル方程式

$$\nabla \times \boldsymbol{B} = \mu_0 \boldsymbol{j} \tag{8-3}$$

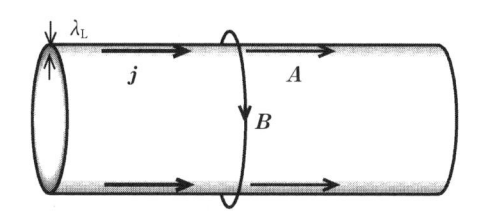

図8-5 円筒状超伝導体を流れる電流と磁束. j：電流, B：磁束, A：ベクトルポテンシャル, λ_L：ロンドンの磁場侵入深さ.

と，ロンドン方程式(8-2)から

$$\nabla^2 B = B/\lambda_L^2 \tag{8-4}$$

が導け，この微分方程式より，表面からの距離 x における磁束密度は $B(x)=B(0)\exp(-x/\lambda_L)$ となる．すなわち，磁束密度は表面から内部に向けて急激に減少し，ほぼ λ_L までしか侵入しない．ゆえに，λ_L を**ロンドンの磁場侵入深さ**（距離）とよぶ．このことは，ロンドン方程式がマイスナー効果を正しく記述していることを意味する．ただし，第2種超伝導体では，磁束は糸状になって試料内部に侵入できる．これらの関係を**図8-5**に示す．

なお，超伝導線やコイルに電流を流すとき，両端に電圧をかけるが，これは，それらの自己インダクタンスによる逆起電力を打ち消すために必要なものであり，いったん定常的に電流が流れると当然両端の電位差は0となることに注意しよう．

8.3　超伝導状態の現象論

8.3.1　巨視的波動関数

さて，ロンドン方程式は超伝導状態を記述する基本的な式であるが，この関係式は，本来フェルミ粒子である電子が何らかの理由で，＋，－スピン対をつくり結合し，電荷 $-2e$ のボース粒子としてふるまうことから導かれる．ボース粒子は，フェルミ粒子とは異なり，1つの軌道を占める数に制限がなく，低温ではほとんど基底状態を占めることになる．このような状態が実現すると，マクロな数の粒子が1つの波動関数としてふるまう．この巨視的波動関数は一般に

$$\Phi(r) = \sqrt{n}\exp\{i\theta(r)\} \tag{8-5}$$

と書ける．ここで，n はボース粒子密度，$\theta(r)$ は位相因子である．波動関数 $\Phi(r)$ で表せる荷電($q=-2e$)粒子の電流密度は

$$j = q\Phi^*(r)v\,\Phi(r) \tag{8-6}$$

と表せる．一方，磁場（ベクトルポテンシャル A）中での荷電粒子の運動量と粒子速度の関係は，古典力学では

$$v = \frac{1}{m}(p - qA) \tag{8-7}$$

量子力学では，p を演算子に置き換えると

$$v = \frac{1}{m}\left(\frac{\hbar}{i}\nabla - qA\right) \tag{8-8}$$

なので，(8-5)式，(8-8)式を，(8-6)式に代入し計算すると

$$j = \frac{nq}{m}(\hbar\nabla\theta - qA) \Rightarrow \nabla\times j = -\frac{nq^2}{m}B \tag{8-9}$$

とロンドン方程式の微分形が導かれる．これを(8-2)式と比較すると

$$\lambda_\mathrm{L} = \left(\frac{m}{\mu_0 nq^2}\right)^{1/2} \tag{8-10}$$

と，ロンドン侵入深さは，粒子密度 n の平方根に反比例することがわかる．

8.3.2 コヒーレンス長

　超伝導体を特徴づける長さの次元をもつもう1つのパラメータとしてコヒーレンス長がある．すこしわかりにくい概念であるが，なぜ第2種超伝導体が生じるかを決める重要なパラメータである．一言でいうと，巨視的波動関数が空間的に変化しうる最小の長さである．一般的に，波動関数が空間的に急激に変化するとその曲率が大きくなり，シュレーディンガー方程式の第1項より，運動エネルギーが増加する．超伝導体の巨視的波動関数の場合も，常伝導領域での $\Phi(r)=0$ から，内部での波動関数(8-5)式において，粒子密度 $n(r)$ が急激に増加すると運動エネルギーの増加を招き，実際には図8-6のように指数関数的に変化する．このときの特性長さ ξ を**コヒーレンス長**とよぶ．

　コヒーレンス長が何で決まるかは難しい問題であるが，BCS理論(後述)によると，純金属の場合，$\xi_0 = 2\hbar v_\mathrm{F}/\pi E_\mathrm{g}$ で与えられ，固有コヒーレンス長とよばれ

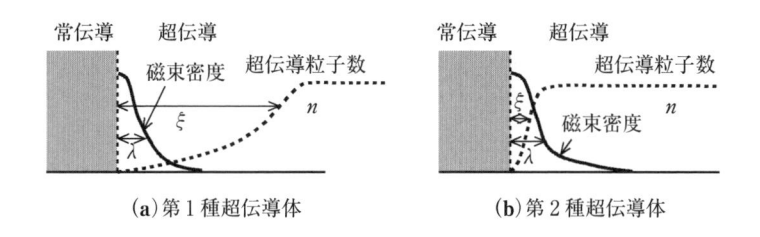

図 8-6 常伝導体と接する超伝導体内部の磁束密度，超伝導粒子密度の深さ依存性．

る．ここで，v_F はフェルミ速度，E_g は電子対の結合エネルギーである．不純物を多く含む場合や合金で，常伝導状態での平均自由行程 l が固有コヒーレンス長より短い場合 $(l<\xi_0)$ は，$\xi=(\xi_0 l)^{1/2}$ となる．

8.3.3 界面エネルギーと第1種，第2種超伝導体

常伝導状態と接する超伝導体内部のエネルギー変化を**図 8-7** に示す．全エネルギーは磁場を排出するために要するエネルギー損と，超伝導状態を安定化するエネルギーとのバランスによって決まる．前者はロンドン侵入長により，後者はコヒーレンス長で特徴づけられる距離依存性を示す．図からわかるように，$\xi>\lambda_L$ の場合，界面エネルギーは正となり，試料内部に常伝導領域を含むことはできない．すなわち，第1種超伝導体となる．逆に，$\xi<\lambda_L$ の場合は，界面エネルギーが負となり，試料内部に磁束が侵入可能となり，第2種超伝導体となる．一般

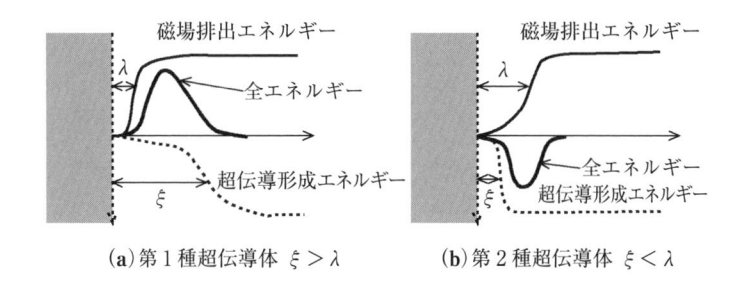

図 8-7 超伝導と常伝導が共存する状態での界面のエネルギー分布．

に，臨界温度 T_c が高い超伝導体は E_g が大きく，固有コヒーレンス長が短く，かつ合金では，平均自由行程も短くなるので，T_c の高い合金が，第 2 種超伝導体となりやすい．

8.4 BCS 理論

1911 年に水銀の超伝導現象が発見されて以来，その原因については，部分的に明らかになった点はあるものの，微視的なメカニズムは長らく謎であったが，1957 年 Bardeen, Cooper, Schrieffer の有名な論文[11]により一挙に解明された．元論文はかなり難解であるが，その骨子は，格子歪み（フォノン）を媒介として生じる電子間引力により，$(k\uparrow, -k\downarrow)$ の電子対（クーパー対）が形成され，これがボース粒子としてふるまうというものであり，**図 8-8** にその概念図を示す．**BCS**(Bardeen, Cooper, Schrieffer)**理論**によると，超伝導臨界温度 T_c はクーパー対が壊れる温度で決まり

$$T_c = 1.14 \Theta_D \exp\{-1/VD(\varepsilon_F)\} \tag{8-11}$$

で与えられる．ここで，Θ_D はデバイ温度，V は電子・フォノン相互作用の強さ，$D(\varepsilon_F)$ はフェルミ準位での電子の状態密度である．フォノンが介在するので，T_c はデバイ温度に比例するが，デバイ温度は構成原子の原子量の平方根に反比例することが知られており，同じ物質でも，異なった原子量をもつ同位元素では，

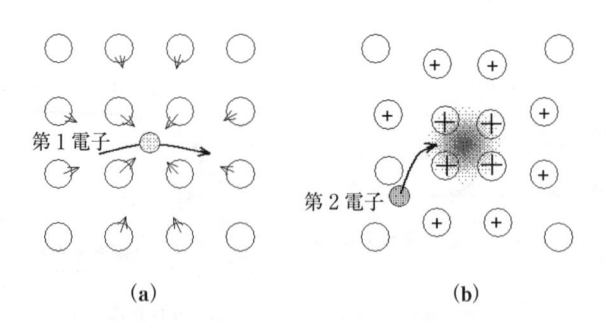

図 8-8 クーパー対の起因（BCS 理論）．第 1 の電子の負電荷が正イオンからなる格子を歪ませ相対的に正に帯電させ走り去る（a）．その正に帯電した部分に第 2 の電子が引き寄せられ（b），2 電子のクーパー対ができる．

T_c が異なるはずである(同位体効果).これが,BCS 理論のヒントになり,また,検証手段ともなったことはよく知られている.

なお,1986 年,ベドノルツ-ミューラー(Bednorz-Müller)により発見された Ba-La-Cu-O 系に始まる,いわゆる酸化物超伝導体の超伝導発現の原因については,電子間引力の原因が格子歪みには求められないことははっきりしているものの,諸説があり未だに決着がついていない.固体電子論の難問の 1 つである.

付録 A 縮退している場合の摂動論とエネルギーギャップ

I 縮退している系の摂動論(一般論)

無摂動系の n 番目の状態が N 重に縮退している場合,その波動関数の任意の1次結合も同じエネルギーをもつ固有関数となり解は一義的には決まらない.すなわち

$$\mathcal{H}_0\phi_{n1}^0=E_n^0\phi_{n1}^0, \quad \mathcal{H}_0\phi_{n2}^0=E_n^0\phi_{n2}^0, \quad \cdots, \quad \mathcal{H}_0\phi_{nN}^0=E_n^0\phi_{nN}^0 \tag{A-1}$$

が成り立つとき,関数 $(\phi_{n1}^0, \phi_{n2}^0, \cdots, \phi_{nN}^0)$ の組は互いに直交する規格化された1次独立関数,すなわち

$$\int \phi_{ni}^{0*}\phi_{nj}^0 \, d\boldsymbol{r} = \begin{cases} 1 & i=j \text{のとき} \\ 0 & i \neq j \text{のとき} \end{cases} \tag{A-2}$$

で,その任意の1次結合

$$\Phi_n = \sum_{i=1}^{N} \alpha_i \phi_{ni}^0 \tag{A-3}$$

は

$$\mathcal{H}_0\Phi_n = E_n^0\Phi_n \tag{A-4}$$

を満たす[*1].

ここに,摂動項 $\mathcal{H}'$ を導入すると,縮退が解け(エネルギー準位が分裂し),各々の固有エネルギー E_{nl} に属する波動関数が一義的に決まる(縮退が一部残留することもある).

これを解くため,全ハミルトニアンを $\mathcal{H}=\mathcal{H}_0+\mathcal{H}'$ とし

$$\mathcal{H}\Phi_{nl} = (\mathcal{H}^0+\mathcal{H}')\sum_{i=1}^{N}\alpha_i^l\phi_{ni}^0 = E_{nl}\Phi_{nl} \tag{A-4}$$

を満たす α_i^l の組を求める.

そのため,(A-4)式の両辺に ϕ_{nj}^{0*} を掛け,積分すると

$$\sum_{i=1}^{N}\alpha_i^l\int\phi_{nj}^{0*}(\mathcal{H}^0+\mathcal{H}')\phi_{ni}^0 \, d\boldsymbol{r} = \alpha_j^l E_n^0 + \sum_{i=1}^{N}\alpha_i^l\int\phi_{nj}^{0*}\mathcal{H}'\phi_{ni}^0 \, d\boldsymbol{r} = \alpha_j^l E_{nl} \tag{A-5}$$

ここで,$\mathcal{H}'_{ji} = \int\phi_{nj}^{0*}\mathcal{H}'\phi_{ni}^0 \, d\boldsymbol{r}$,$\lambda = E_{nl}-E_n^0$ とし,未知変数 α_j^l に対する連立1次方程式として書き下すと,

---

[*1] N 個の波動関数は必ずしも直交関数でなくてもよいが標準的な方法で得られた解(たとえば主量子数 n が等しい水素原子の波動関数など)はこの条件を満たしている.

$$
\begin{aligned}
(\mathcal{H}'_{11}-\lambda)\alpha_1^l + \mathcal{H}'_{12}\alpha_2^l + \cdots + \mathcal{H}'_{1N}\alpha_N^l &= 0 \\
\mathcal{H}'_{21}\alpha_1^l + (\mathcal{H}'_{22}-\lambda)\alpha_2^l + \cdots + \mathcal{H}'_{2N}\alpha_N^l &= 0 \\
&\cdots\cdots\cdots\cdots \\
\mathcal{H}'_{N1}\alpha_1^l + \mathcal{H}'_{N2}\alpha_2^l + \cdots + (\mathcal{H}'_{NN}-\lambda)\alpha_N^l &= 0
\end{aligned} \tag{A-6}
$$

となる．線形代数の定理に従い，α_j^l について 0 以外の解を得るためには

$$
\begin{vmatrix}
\mathcal{H}'_{11}-\lambda & \mathcal{H}'_{12} & \cdots & \mathcal{H}'_{1N} \\
\mathcal{H}'_{21} & \mathcal{H}'_{22}-\lambda & \cdots & \mathcal{H}'_{2N} \\
\cdots & \cdots & & \cdots \\
\mathcal{H}'_{N1} & \mathcal{H}'_{N2} & \cdots & \mathcal{H}'_{NN}-\lambda
\end{vmatrix} = 0 \tag{A-7}
$$

でなければならず，これを満たす N 個の解 λ_l，したがって分裂したエネルギー準位 $E_{nl}=E_n^0+\lambda_l (l=1,2,\cdots,N)$，およびこれに対応する α_j^l，したがって波動関数 $\varPhi_{nl}$ が求まる．

II ブリルアン・ゾーン境界でのエネルギーギャップと波動関数

ここで，具体的にブリルアン・ゾーン境界にある縮退した 2 つの進行波

$$\phi_1(x)=A\exp\{i(\pi/a)x\}, \quad \phi_2(x)=A\exp\{-i(\pi/a)x\} \quad E_{k=\pm\pi/a}^0=(\hbar^2/2m_e)(\pi/a)^2$$

に周期 a の周期ポテンシャル

$$V'(x)=2U\cos(2\pi x/a)=U[\exp(2\pi ix/a)+\exp(-2\pi ix/a)]$$

を作用させた場合について適用してみよう．

付録 B で証明する公式

$$A^2\int_{-\infty}^{\infty}\exp\{i(k'-k)x\}dx=\delta_{k'k}$$

より

$$\mathcal{H}'_{11}=0, \quad \mathcal{H}'_{12}=U, \quad \mathcal{H}'_{21}=U, \quad \mathcal{H}'_{22}=0 \tag{A-8}$$

したがって，(A-7)式は

$$\begin{vmatrix} -\lambda & U \\ U & -\lambda \end{vmatrix}=0 \tag{A-9}$$

となり，

$$\lambda=\pm U, \quad E_{1,2}=(\hbar^2/2m_e)(\pi/a)^2\pm U \tag{A-10}$$

が求まる．すなわち，ブリルアン・ゾーン境界では $2U$ のエネルギーギャップが生じる．ギャップ直上の状態である $\lambda=+U$ の場合について，連立方程式(A-6)は $U\alpha_1^{+U}+U\alpha_2^{+U}=0$，すなわち $\alpha_2^{+U}=-\alpha_1^{+U}$ となり，波動関数は

$$
\begin{aligned}
\varPhi_1 &= A\alpha_1^{+U}[\exp\{i(\pi/a)x\}-\exp\{-i(\pi/a)x\}] \\
&= A'\sin(\pi x/a)
\end{aligned} \tag{A-11}
$$

となる.同様に,ギャップ直下,$\lambda=-U$ については
$$\Phi_2 = A\alpha_1^{-U}[\exp\{i(\pi/a)x\}+\exp\{-i(\pi/a)x\}]$$
$$= A'\cos(\pi x/a) \qquad (\text{A-12})$$
が得られる.これは,2.2 節でブラッグ反射モデルに基づき考察した 2 つの定在波 $\phi(-)$,$\phi(+)$ に他ならない.

付録B　公式 $A^2\int \exp\{i(k'-k)x\}dx = \delta(k'-k)$ の証明

初めに，積分範囲を $-L/2 \sim L/2$ とし，規格化定数 A^2 を $1/L$ として，積分

$$S = \frac{1}{L}\int_{-L/2}^{L/2} \exp\{i(k'-k)x\}dx \tag{B-1}$$

を求める．

（1）　$k' = k$ の場合

$$S = \frac{1}{L}\int_{-L/2}^{L/2} dx = \frac{1}{L}[x]_{-L/2}^{L/2} = 1 \tag{B-2}$$

（2）　$k' \neq k$ の場合（$k'' = k' - k$ とする）

$$S = \frac{1}{L}\int_{-L/2}^{L/2} [\cos(k''x) + i\sin(k''x)]dx$$

$$= \frac{1}{Lk''}|\sin(k''x) - i\cos(k''x)|_{-L/2}^{L/2} \tag{B-3}$$

ゆえに

$$|S| \leq \left|\frac{2}{Lk''}\right| \tag{B-4}$$

したがって，$L \to \infty$ の極限では

$$A^2\int_{-\infty}^{\infty} \exp\{i(k'-k)x\} = \delta(k'-k) = \begin{cases} 1 & k' = k \text{のとき} \\ 0 & k' \neq k \text{のとき} \end{cases} \tag{B-5}$$

が成り立つ．

付録C　変分原理

シュレーディンガー方程式の近似解を得るもう1つの重要な手段である変分法は，2.4.1節に述べた

「シュレーディンガー波動方程式の固有解の集合は完全規格直交系をなす」

したがって，「任意の関数(特異点などを含まない自然関数)はシュレーディンガー方程式の固有解で展開できる」という定理に基づく．

今，仮に何らかの方法により正しい固有解の組(仮想完全直交系)が得られたとする．当然基底状態 ϕ_0 も含まれそのときのエネルギーは最低値 E_0 をとる．実際には正しい解は解析的には求まらないので，物理的洞察により正しい解に近いと思われる試行関数をつくりそのエネルギーの平均値

$$\langle E \rangle = \frac{\iiint \phi^* \mathcal{H} \phi \, dxdydz}{\iiint \phi^* \phi \, dxdydz} \tag{C-1}$$

を計算する．得られた値 $\langle E \rangle$ は当然 $\langle E \rangle > E_0$ のはずである．なぜなら，どのような関数を取ろうと，仮想完全直交系で展開すれば，必ず ϕ_0 以外のよりエネルギーの高い状態関数を含むからである．いいかえれば，より小さな $\langle E \rangle$ を与える試行関数ほど正しい基底状態に近いといえる．通常，試行関数にパラメータを埋め込んでおき，$\langle E \rangle$ が極値を取るパラメータを求める．

付録 D 低温での電子・フォノン散乱

低温では格子振動をアインシュタインモデルでは近似できず、振動を波動として取り扱うデバイモデルを適用する必要がある。電子がフォノンと衝突し散乱されるとイメージすればよいが、摂動ポテンシャル V' が時間に依存することもあり、定量的に見積もるのは難しい。

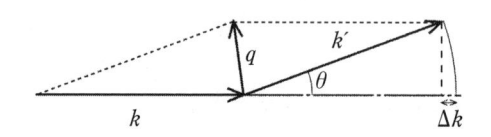

図 D-1 低エネルギーフォノンによる電子の散乱.

以下、波数 k の電子が波数 q のフォノンと衝突することにより k' に遷移するプロセスを考え低温における電気抵抗の温度依存性を見積もる。簡単のため電子を自由電子と見なすと、運動量保存則に対応し

$$k' = k + q \tag{D-1}$$

エネルギー保存則から

$$\frac{\hbar^2}{2m_e}k'^2 = \frac{\hbar^2}{2m_e}k^2 + \hbar\omega_q \tag{D-2}$$

を満たす必要がある。ただし、低温だと低エネルギーのフォノンのみを考えればよいので

$$\hbar\omega_q \ll \frac{\hbar^2}{2m_e}k^2 \tag{D-3}$$

さらに、k はフェルミ面の内側、k' は外側になければならないので

$$|k| = |k'| \approx k_F \tag{D-4}$$

と見なしてよい。このプロセスを**図 D-1** に示す。この図より、x 方向の速度変化を見積もる。

温度 T で励起され得る最大の $q(q_T)$ は $\hbar\omega_T = \hbar v q_T = k_B T$ より

$$q_T = \frac{k_B T}{\hbar v} \tag{D-5}$$

一方、デバイ切断波数 q_D は $\hbar v q_D = k_B \Theta_D$ より $q_D = k_B \Theta / \hbar v$、したがって

$$q_T = \left(\frac{T}{\Theta_D}\right) q_D \tag{D-6}$$

図 D-1 より,
$$\sin\left(\frac{\theta}{2}\right) = \frac{q_T}{2k_F} = \frac{q_D}{2k_F}\frac{T}{\Theta} \tag{D-7}$$

このような小角散乱による電子の運動量の減少 $-\hbar\Delta k_x$ は

$$-\hbar\Delta k_x = -\hbar k_F(1-\cos\theta) = -2\hbar k_F\sin^2\left(\frac{\theta}{2}\right) = -2\hbar k_F\left(\frac{q_D}{2k_F}\right)^2\left(\frac{T}{\Theta_D}\right)^2 \tag{D-8}$$

で与えられる. 一方, 励起されるフォノンの総数は

$$N = \int_0^{\omega_D}\frac{D(\omega)d\omega}{\exp(\hbar\omega/k_BT)-1} = A\int_0^{\omega_D}\frac{\omega^2 d\omega}{\exp(\hbar\omega/k_BT)-1}$$
$$= A\left(\frac{k_BT}{\hbar}\right)^3\int_0^{x_D}\frac{x^2 dx}{\exp(x)-1} \approx A\left(\frac{k_BT}{\hbar}\right)^3\int_0^{\infty}\frac{x^2 dx}{\exp(x)-1} \propto T^3 \tag{D-9}$$

となり, 平均減速量は(D-8)式との積で与えられるので, T^5 に比例する. 電気抵抗は電場による加速と散乱による減速の平衡で決まるので, 低温での電気抵抗は

$$\rho \propto T^5 \tag{D-10}$$

と温度の5乗に比例する. ただし, 電気抵抗の T^5 則は比熱に対するデバイの T^3 則ほど一般的でなく, 実際に T^5 で変化するのはアルカリ金属など少数であるといってよい. 遷移金属では低温電気抵抗率は $\rho \propto T^2$ となる.

参 考 書

（1） 志賀正幸：材料科学者のための固体物理学入門，内田老鶴圃(2008)
（2） 小出昭一郎：量子力学Ⅰ，裳華房(1990)
（3） 山下次郎：固体電子論，朝倉書店(1973)
（4） 和光信也：固体の中の電子，講談社(1992)
（5） 小口多美夫：バンド理論，内田老鶴圃(1999)
（6） C. キッテル：固体物理学入門 上(第8版)，丸善(2005)
（7） C. キッテル：固体物理学入門 下(第8版)，丸善(2005)
（8） 安達健吾：化合物磁性 ―遍歴電子系―，裳華房(1996)
（9） M. J. シノット：技術者のための固体物性，丸善(1977)
（10） H. イバッハ，H. リュート：固体物理学，シュプリンガー(1998)
（11） Z. M. ザイマン：固体物性論の基礎，丸善(1992)
（12） 青木昌治：応用物性論，朝倉書店(1969)
（13） 松波弘之：半導体工学，昭晃堂(1999)
（14） J. S. ダグデール：固体の電気的性質，丸善(1979)
（15） 日本セラミックス協会・日本熱電学会編：熱電変換材料，日刊工業新聞社(2005)
（16） 志賀正幸：磁性入門，内田老鶴圃(2007)
（17） 近角聰信：強磁性体の物理(下)，裳華房(1984)
（18） A. C. ローズ-インネス，E. H. ロディリック：超伝導入門，産業図書(1987)

参考文献

[1] H. K. Krutter : Phys. Rev. **48**(1935) 664
[2] H. Ehrenreich et al. : Phys. Rev. **131**(1963) 2469
[3] J. O. Linde : Thesis(1934)
[4] C. H. Johanson and J. O. Linde : Ann. Physik **25**(1936) 1
[5] D. MacDonald and K. Mendelssohn : Proc. Roy. Soc. **A202**(1950) 103
[6] N. F. Mott : Adv. Phys. **13**(1973) 546
[7] J. Kondo : Prog. Theor. Phys. **32**(1964) 37
[8] J. P. Franck et al. : Proc. Roy. Soc. **A263**(1961) 494
[9] J. H. Mooij : Phys. Stat. Sol.(a) **17**(1973) 521
[10] R. Maglic : Phys. Rev. Letters **31**(1937) 546
[11] J. Bardeen, L. N. Cooper and J. R. Schrieffer : Phys. Rev. **108**(1957) 1175

演習問題略解

演習問題 1-1 （1）$\langle p \rangle = 0$ （2）$\langle x \rangle = L/2$

演習問題 1-2 $D(\varepsilon) = mL^2/\pi\hbar^2$

演習問題 2-1 $\psi_{k_1}(x) = \left[\cos\left(\dfrac{4\pi}{a}x\right) + i\sin\left(\dfrac{4\pi}{a}x\right)\right]\exp(ik_1 x)$ $\quad k_1 = k_4 - \dfrac{4\pi}{a}$

演習問題 2-2 第1象限のみを示す．

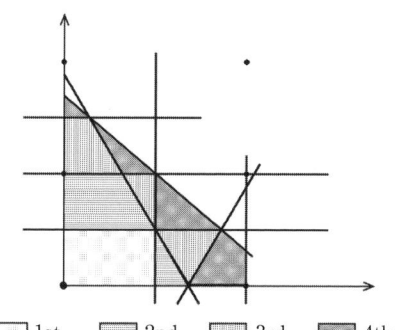

□ 1st.　▨ 2nd.　▦ 3rd.　▩ 4th.

演習問題 3-1 （1）

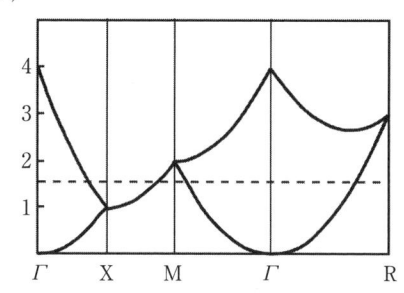

（2）$\varepsilon_F = (6/\pi)^{2/3} = 1.54$

(3)

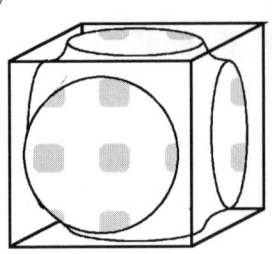

演習問題 4-1　$\varepsilon_F = 5.52$ eV　(2) $v_F = 1.39 \times 10^6$ ms^{-1}　(3) $\gamma = 0.64$ mJ mol^{-1}K^{-2}
実測値は 0.73 mJ mol^{-1} K^{-2}

演習問題 5-1　$l(4.2\text{ K}) = 40$ μm
演習問題 5-2　(1) $R_H = -5.5 \times 10^{-11}$ m^3/C　(2) N/atom $= 1.33$

演習問題 6-1　略

演習問題 7-1　$S=3$, $L=3$, $J=6$, $g=3/2$, $p=9.72$
演習問題 7-2　$M = 0.392$ kg, $p^2 = 35$,

$$\chi_{\text{mol}} = \frac{N\mu_B^2 p^2}{3\,k_B T} = 2.30 \times 10^{-13} \text{ H/m mol}$$

$$\bar{\chi}_g = \frac{\chi_{\text{mol}}}{M\mu_0} = 4.68 \times 10^{-7} \text{ m}^3/\text{kg} = 3.72 \times 10^{-5} \text{ emu/g}$$

cgs 単位系での文献値は 3.64×10^{-5} emu/g である.

演習問題 7-3　電子密度：$n = 2/a^3 = 2.65 \times 10^{28}/\text{m}^3$
状態密度：$D(\varepsilon_F) = 7.66 \times 10^{46}/\text{Jm}^3$
体積磁化率：$\chi_P = \mu_B^2 D(\varepsilon_F) = 1.04 \times 10^{-11}$ H/m

比質量磁化率：$\bar{\chi}_g = \dfrac{\chi_P}{\rho\mu_0} = 8.53 \times 10^{-9}$ /kg $= 0.68 \times 10^{-6}$ emu/g

同実測値：0.66×10^{-6} emu/g

索 引

あ
アインシュタイン温度……………87
アクセプター……………………108
　　――準位…………………109
アモルファス合金………………92
アルカリ金属……………………66
アルゴン閉殻……………………128
アルミニウムの分散曲線………53

い
位相因子…………………………168
1次摂動エネルギー………………22
移動度………………76, 102, 104, 112

う
ヴィーデマン-フランツの法則………96
ウィグナー-ザイツ………………62
　　――・セル……………………63
渦電流効果………………………143
過電流損失………………………161
運動量を表す演算子……………5, 6

え
永久磁石……………………160, 161
永久電流…………………………163
hcp…………………………………37
n 型半導体…………………107, 108
エネルギーギャップ………21, 26, 47, 102
エネルギーバリア………………114, 115
エネルギーバンド………………26
エネルギー分散曲線……………51
エバルト球………………………35
エミッタ…………………………115
演算子……………………………5, 6

お
オームの法則……………………75, 76
重い電子…………………………62

か
界面エネルギー…………………169
化学ポテンシャル………………14
角運動量……………126, 127, 129, 134
　　――のベクトル・モデル……127
　　軌道――……………………126, 134
　　合成軌道――………………129
　　合成スピン――……………129
　　スピン――…………………126
　　全――………………………129
拡張ゾーン………………………29, 45
確率振幅…………………………83
価電子バンド……………104, 108, 111
カマリン・オンネス……………163
還元ゾーン……………27, 28, 43, 45
完全規格直交系…………………177
完全直交系………………………22, 82
完全反磁性………………………164
環流磁区…………………………154
緩和時間…………………………76, 81

き
貴金属……………………………67
擬水素原子モデル………………108
軌道運動…………………………126
軌道角運動量の凍結……………126, 134
軌道電流…………………………126
軌道半径…………………………109
希土類元素………………………135
偽ポテンシャル…………………52
逆格子………………………29, 30, 32
　　――基本並進…………………31

索引

――空間 34
――点 29
キャリア 76, 100
　　――濃度 110
　　――密度 92
キュリー温度 90, 123
キュリー定数 134
キュリーの法則 133
キュリー-ワイス則 124, 138
強磁性体 121, 124
　反―― 124, 139
　　遍歴電子―― 143
凝集エネルギー 62, 65
共有結合軌道 135
局在モーメントモデル 141
巨視的波動関数 167
金属の低温比熱 61

く

空格子近似 43, 53
クーパー対 170
クーロン積分 132
グリュナイゼンの式 88
クロネッカーのデルタ関数 22
群速度 78

け

ケイ素鉄 161
k 空間 34
結合エネルギー 62, 109, 169
結合軌道 49, 135
結合性バンド 70
ケルビンの関係式 95
ゲルマニウム 99
原子間交換相互作用 135
原子磁気モーメント 124, 128
減磁力 160

こ

交換エネルギー 131, 135

交換積分 135, 136
交換増強磁化率 144
交換力 130
合金の電気抵抗 85
格子振動 86
硬磁性材料 161
合成軌道角運動量 129
合成スピン角運動量 129
高抵抗合金 91
光電効果 117
高透磁率 161
5 乗則 87
コヒーレンス長 168, 169
固有エネルギー 2
固有解 3
固有コヒーレンス長 169
固有値 5
固有伝導領域 112
コレクタ 115
Kondo 効果 90

さ

サイズ効果 78
3 価金属 66
酸化物超伝導体 171
3d 軌道 55
散乱 80, 90, 178
　　――確率 82
　　磁気―― 90
　　電子の―― 80
　　電子・フォノン―― 178
　　不純物―― 84
残留抵抗 89
　　――比 89

し

g 因子 128, 130
磁化 123, 136
　　――回転 157
　　――過程 156

──曲線·····················157
　　　──容易方向················149
　　　自発──···············123,137
　　　副格子──·················139
磁化率·······················123,144
　　　交換増強──················144
磁界·····························122
時間を含むシュレディンガー方程式···81
磁気異方性エネルギー···············149
磁気回路·························162
磁気散乱··························90
磁気モーメント····················122
　　　原子──···············124,128
　　　自発──···················147
磁区·····························153
　　　環流──····················154
　　　──構造····················153
磁束のピン留め力··················166
磁束密度·····················123,157
質量作用の法則····················106
磁場(磁界)························122
　　　──侵入距離················166
　　　有効──····················159
自発磁化··························123
　　　──の温度依存性·············137
自発磁気モーメント················147
磁壁·····························153
　　　──移動····················156
　　　──移動過程················157
　　　──の厚さ··················153
　　　──のエネルギー·············153
周期的境界条件·····················4,8
周期ポテンシャル···················17
自由電子···························2
　　　──ガスモデル················77
　　　──の運動量·················6,9
　　　──の全エネルギー············13
　　　進行波型──····················9
　　　箱の中の──················3,8
縮退した解·························2

縮退している系の摂動論·············173
シュレーディンガー波動方程式·····1,81
消磁(減磁)曲線····················160
消磁状態·····················153,157
常磁性体·························125
状態間遷移確率····················84
状態密度·······················10,11
　　　──曲線················46,51,54
衝突頻度··························81
消滅則····························29
ジョーンズ·······················72
　　　──・ゾーン···············38,45
初期磁化過程·····················156
ジョセフソン効果··················164
シリコン··························99
磁歪·······················149,150,153
進行波型自由電子····················9
真性(固有)半導体··················103

す

SQUID磁力計·····················164
ストーナー条件····················144
ストーナーの理論··················144
スピン角運動量····················126
スピン-軌道相互作用················129
スピン縮退························41
スピンの揺らぎ理論················146
スレーター-ポーリング曲線··········146

せ

正孔····························100
静磁エネルギー················151,153
性能指数·························118
整流作用······················113,115
ゼーベック係数····················94
絶縁体···························99
絶対熱起電力······················94
摂動行列要素······················84
摂動ハミルトニアン················22
摂動法···························21

摂動ポテンシャル‥‥‥‥‥‥‥‥‥81,84
遷移金属‥‥‥‥‥‥‥‥‥‥56,69,134
全角運動量‥‥‥‥‥‥‥‥‥‥‥‥129
センサー‥‥‥‥‥‥‥‥‥‥‥‥‥117

そ
増強されたパウリ常磁性‥‥‥‥‥‥145

た
第1種超伝導体‥‥‥‥‥‥‥‥166,169
第 n ブリルアンゾーン‥‥‥‥‥‥‥36
ダイオード‥‥‥‥‥‥‥‥‥‥‥‥113
体心立方格子‥‥‥‥‥‥‥‥‥‥32,37
第2種超伝導体‥‥‥‥‥‥‥‥166,169
太陽電池‥‥‥‥‥‥‥‥‥‥‥‥‥117
多原子分子モデル‥‥‥‥‥‥‥‥‥‥49
単磁区粒子‥‥‥‥‥‥‥‥‥‥‥‥154

ち
超伝導‥‥‥‥‥‥‥‥‥‥‥‥71,163
　　　──転移温度‥‥‥‥‥‥‥‥71
超伝導体‥‥‥‥‥‥‥‥‥166,169,171
調和振動子‥‥‥‥‥‥‥‥‥‥‥‥‥22

つ
「強い」強磁性‥‥‥‥‥‥‥‥‥‥145
強く束縛された電子近似‥‥‥‥‥‥‥52

て
抵抗極小‥‥‥‥‥‥‥‥‥‥‥‥‥‥90
抵抗の加算則‥‥‥‥‥‥‥‥‥‥‥‥76
抵抗率‥‥‥‥‥‥‥‥‥‥‥‥‥‥‥76
d バンド‥‥‥‥‥‥‥‥‥‥‥67,145
鉄属遷移金属‥‥‥‥‥‥‥‥‥‥‥134
鉄損‥‥‥‥‥‥‥‥‥‥‥‥‥‥‥158
デバイの3乗則‥‥‥‥‥‥‥‥‥‥‥61
デバイモデル‥‥‥‥‥‥‥‥‥‥59,87
出払領域‥‥‥‥‥‥‥‥‥‥‥‥‥112
電子化合物‥‥‥‥‥‥‥‥‥‥‥‥‥74
電子欠乏層‥‥‥‥‥‥‥‥‥‥‥‥114

電子収容数‥‥‥‥‥‥‥‥‥‥‥‥‥46
電子対の結合エネルギー‥‥‥‥‥‥169
電子濃度‥‥‥‥‥‥‥‥‥‥‥105,111
電子の散乱‥‥‥‥‥‥‥‥‥‥‥‥‥80
電子の粒子像‥‥‥‥‥‥‥‥‥‥‥‥7
電子比熱‥‥‥‥‥‥‥‥‥‥‥‥‥‥59
　　　──係数‥‥‥‥‥‥‥‥‥‥61
電子・フォノン散乱‥‥‥‥‥‥‥‥178
電子・フォノン相互作用‥‥‥‥‥‥170
電子密度‥‥‥‥‥‥‥‥‥‥‥‥‥‥76
伝導バンド‥‥‥‥‥‥‥‥104,108,111
伝導率‥‥‥‥‥‥‥‥‥‥‥‥‥‥‥76
電流増幅作用‥‥‥‥‥‥‥‥‥‥‥116

と
同位体効果‥‥‥‥‥‥‥‥‥‥‥‥171
透磁率‥‥‥‥‥‥‥‥‥‥‥‥123,161
銅のエネルギー分散曲線‥‥‥‥‥‥‥56
銅のフェルミ面‥‥‥‥‥‥‥‥‥‥‥57
ドナー‥‥‥‥‥‥‥‥‥‥‥‥‥‥107
　　　──準位‥‥‥‥‥‥‥‥‥‥108
　　　──濃度‥‥‥‥‥‥‥‥‥‥111
ドルーデのモデル‥‥‥‥‥‥‥‥‥‥80
トンネル素子‥‥‥‥‥‥‥‥‥‥‥164

な
軟磁性材料‥‥‥‥‥‥‥‥159,160,161

に
2価金属‥‥‥‥‥‥‥‥‥‥‥‥‥‥66
2次摂動エネルギー‥‥‥‥‥‥‥‥‥23
2次摂動効果‥‥‥‥‥‥‥‥‥‥‥‥24

ね
ネール温度‥‥‥‥‥‥‥‥‥‥124,139
熱拡散電流‥‥‥‥‥‥‥‥‥‥‥‥115
熱起電力‥‥‥‥‥‥‥‥‥‥‥‥93,117
　　　──の応用‥‥‥‥‥‥‥‥‥118
熱電現象‥‥‥‥‥‥‥‥‥‥‥‥‥‥93
熱電対‥‥‥‥‥‥‥‥‥‥‥‥‥‥‥93

索引　189

熱伝導率……………………………96
熱電発電……………………………118

は

パーメンジュール…………………148
ハイゼンベルグ・ハミルトニアン……136
バイポーラトランジスタ……………115
パウリ常磁性……………125,142,145
パウリの禁律………………………129
パウリの原理………………………130
パウリの排他律…………………10,130
箱の中の自由電子…………………3,8
波数空間……………………………34
波束…………………………………7
発光ダイオード……………………117
ハミルトニアン………………5,22,136
　　　摂動——………………………22
　　　ハイゼンベルグ・——…………136
反強磁性体……………………124,139
反結合軌道…………………………49
反結合性バンド……………………70
反磁性…………………………125,164
反磁場………………………………158
　　　——係数………………………158
半導体………………………………99
　　　n 型——………………107,108
　　　真性(固有)——………………103
　　　——の電気伝導率……………102
　　　——レーザ……………………117
　　　p 型——…………………108,109
　　　不純物——………………103,110
バンド計算…………………………51
バンド・モデル……………………146
反復ゾーン………………29,44,45

ひ

p-n 接合……………………………113
p 型半導体………………………108,109
BCS 理論………………………168,170
光反射率……………………………68

ヒステリシス曲線…………………157
非線形トンネル効果………………164
非調和項……………………………22
比透磁率……………………………123
ヒュームロザリーの法則……………71
ビリアル定理………………………86

ふ

フーリエ級数………………………23
フェライト磁石……………………161
フェリ磁性体……………………125,139
フェルミ・エネルギー………………12
フェルミ温度………………………13
フェルミ球………………………13,41
フェルミ準位……………14,106,110
フェルミ速度………………………13
フェルミ-ディラック統計……………60
フェルミ-ディラック分布……13,104
フェルミ波数………………………12,13
フェルミ面…………………42,54,57
フェルミ粒子………………………167
不確定性関係………………………7
副格子磁化…………………………139
不純物散乱…………………………84
不純物支配領域……………………112
不純物準位…………………………108
不純物伝導…………………………112
不純物半導体……………………103,110
　　　——のフェルミ準位…………110
ブラ・ケット表示……………………22
ブラッグ条件……………………18,35
プランク分布関数…………………87
ブリルアン関数……………………133
ブリルアン・ゾーン………21,26,35,36
ブロッホ関数……………………26,82
ブロッホの定理……………………26
分散曲線……………………………46
　　　アルミニウム——……………53
　　　エネルギー——………………51
　　　銅のエネルギー——…………56

分子場……………………………136
　　——係数………………………136
フントの規則………………129, 131

へ
平均運動エネルギー………………13
平均クーロンエネルギー………132
平均自由行程…………………76, 170
平均衝突時間……………………76, 81
ベース………………………………115
ベクトルポテンシャル…………166
ペルチエ係数………………………95
ペルチエ効果…………………95, 118
変分原理……………………………177
遍歴電子強磁性体………………143
遍歴電子モデル…………………141

ほ
放物線則……………………………85
ボーア磁子数…………………126, 133
ボース粒子………………………167
ホール……………………………100
　　——係数…………………………93
　　——欠乏層……………………114
　　——効果…………………………92
　　——の有効質量………………102
　　——密度………………………106
補強された平面波(APW)…………52
ポジティブホール………………100
補償型フェリ磁性………………140
保磁力…………………………158, 161
ボルツマンの式……………………95

ま
マイスナー効果…………………164
マティーセンの法則………………89
マフィンティンポテンシャル……51

み
ミラー指数…………………………31

め
面心立方格子…………………33, 37

ゆ
有効質量……………………62, 79, 102
有効磁場…………………………159
有効ボーア磁子数………………134
融点…………………………………70
輸送方程式…………………………95

よ
「弱い」強磁性…………………145

り
力学モデル…………………………17
リジッドバンドモデル……………69
立方晶系の逆格子…………………32
臨界温度…………………………163
臨界電流…………………………166
臨界波長…………………………68
リンデの法則………………………84

れ
冷凍機……………………………118

ろ
ローレンツ数………………………96
ローレンツ力…………………92, 166
六方晶系の逆格子…………………32
ロンドンの式……………………166
ロンドンの磁場侵入深さ………167

わ
ワイスの分子場理論……………136

著者略歴
志賀 正幸（しが まさゆき）
1938 年　京都市に生まれる
1961 年　京都大学理学部化学科卒業
1963 年　京都大学大学院理学研究科修士課程修了
1964 年　京都大学工学部金属加工学教室助手，助教授を経て
1989 年　京都大学工学部教授
2002 年　定年退職
京都大学名誉教授　理学博士
専門分野：磁性物理学

2009 年 3 月 25 日　第 1 版発行
2021 年 8 月 10 日　第 2 版発行

著者の了解により検印を省略いたします

**材料科学者のための
固体電子論入門**
―エネルギーバンドと固体の物性―

著　者 ©志　賀　正　幸
発行者　内　田　　　学
印刷者　馬　場　信　幸

発行所　株式会社　内田老鶴圃　〒112-0012 東京都文京区大塚 3 丁目 34-3
　　　　電話 (03) 3945-6781(代)・FAX (03) 3945-6782
http://www.rokakuho.co.jp/
印刷・製本/三美印刷 K.K.

Published by UCHIDA ROKAKUHO PUBLISHING CO., LTD.
3-34-3 Otsuka, Bunkyo-ku, Tokyo 112-0012, Japan

U. R. No. 572-2

ISBN 978-4-7536-5553-3 C3042

材料科学者のための物理入門シリーズ　　志賀 正幸 著

材料科学者のための **固体物理学入門**

A5・180頁・定価3080円（本体2800円＋税10％）　ISBN978-4-7536-5552-6

著者の長年の講義経験が活きている分かりやすい教科書．固体物理学の教科書といえばキッテルによる著作が著名だが，近年の版はかなり専門化している．本書はいわばキッテルを読むための入門書といった性格をもつ．

結晶と格子／結晶による回折／結晶の結合エネルギー／格子振動／統計熱力学入門／固体の比熱／量子力学入門／自由電子論と金属の比熱・伝導現象／周期ポテンシャル中での電子 ―エネルギーバンドの形成―

材料科学者のための **固体電子論入門**　エネルギーバンドと固体の物性

A5・200頁・定価3520円（本体3200円＋税10％）　ISBN978-4-7536-5553-3

前半で結晶の周期ポテンシャルが電子に与える影響，エネルギーバンドの形成，状態密度やフェルミ面の特徴など固体電子論の基礎を与え，後半で金属の凝集エネルギーや比熱などの基本的な性質，伝導現象，半導体，磁性体，超伝導体などの諸性質を電子論の立場で説明する．

量子力学のおさらいと自由電子論／周期ポテンシャルの影響とエネルギーバンド／フェルミ面と状態密度／金属の基本的性質／金属の伝導現象／半導体の電子論／磁 性／超伝導

材料科学者のための **電磁気学入門**

A5・240頁・定価3520円（本体3200円＋税10％）　ISBN978-4-7536-5554-0

本書は化学や物性物理，材料科学を学ぼうとする方や，既にそれらの分野で研究者・技術者として実務についている方を想定して，電磁気学の基礎を学ぶことを目的として執筆されている．

はじめに／点電荷のつくる静電場，静電ポテンシャル／分散・分布する電荷のつくる静電場／物質の電気的性質 I　絶縁体と誘電率／物質の電気的性質 II　静的平衡状態にある導体／物質の電気的性質 III　定常電流が流れる導体／静磁場／電磁誘導／マクスウェルの方程式と電磁波／過渡特性とインピーダンス―交流回路理論の基礎―／変動する電磁場中の物質―複素誘電率と物質の光学的性質／ *E-H* 対応系と物質の磁性

材料科学者のための **量子力学入門**

A5・144頁・定価2640円（本体2400円＋税10％）　ISBN978-4-7536-5555-7

本書は，物質中の電子のふるまいを理解するために必要なシュレーディンガー波動方程式を出発点とする項目を中心に構成し，登場する数式も丁寧に説明している．

量子力学の発展／量子力学の方法 I ―シュレーディンガーの方程式を解く―／量子力学の方法 II ―物理量と演算子―／近似解 ―摂動法と変分法―／多電子系の取り扱い／状態間遷移 ―時間を含む摂動論―

材料科学者のための **統計熱力学入門**

A5・136頁・定価2530円（本体2300円＋税10％）　ISBN978-4-7536-5556-4

統計熱力学について，材料科学や物性物理学を学ぼうとする方を対象とし，物質の熱的性質について，古典熱力学との対応も留意して書き下ろした入門書である．

序論―アインシュタイン・モデルによる固体の比熱―／より一般的な統計熱力学／基本的な系の統計熱力学／材料科学への応用

磁 性 入 門　スピンから磁石まで

志賀 正幸　著

A5・236頁・定価4180円（本体3800円＋税10％）　ISBN978-4-7536-5630-1

量子力学をベースにした基礎研究と磁性材料の応用開発研究が活発に続けられる中，本書は，「何に使うか」を視野に入れつつ，「何故か」を問う基礎と応用のバランスの取れた良質のテキストである．

序 論／原子の磁気モーメント／イオン性結晶の常磁性／強磁性 (局在モーメントモデル)／反強磁性とフェリ磁性／金属の磁性／いろいろな磁性体／磁気異方性と磁歪／磁区の形成と磁区構造／磁化過程と強磁性体の使い方／磁性の応用と磁性材料／磁気の応用

http://www.rokakuho.co.jp/